本书受到国家重点研发计划"绿色宜居村镇技术创新"重点专项项目"村镇聚落空间重构数字化模拟及评价模型"（2018YFD1100300）支持

村镇聚落空间重构规律与设计优化研究丛书

村镇聚落空间重构：特征、动力与规划设计方法

李和平　付　鹏　肖　竞　著

科学出版社

北　京

内 容 简 介

乡村振兴战略全面推进背景下，我国乡村聚落转型重构迎来了新的契机。本书旨在解析我国乡村聚落个体转型重构的内在规律机制，探索构建适合我国国情的转型发展模式、路径与规划设计优化方法。通过建立乡村聚落转型重构典型样本库和数据库，按照"重构特征—动力机制—发展模式—空间优化"的研究思路，提炼和发掘乡村聚落空间重构规律及动力机制，提出空间优化模式与策略，尝试运用数字化模拟提升规划设计效率与科学性。

本书可以为城乡规划、乡村地理、村镇治理等研究领域的科研人员、设计人员、管理者、硕博研究生以及对城乡融合发展和村镇聚落规划感兴趣的读者提供理论、方法和实践参考。

审图号：GS 京（2023）1870 号

图书在版编目（CIP）数据

村镇聚落空间重构：特征、动力与规划设计方法 / 李和平，付鹏，肖竞著 . —北京：科学出版社，2023.9
（村镇聚落空间重构规律与设计优化研究丛书）
ISBN 978-7-03-074620-7

Ⅰ . ①村… Ⅱ . ①李… ②付… ③肖… Ⅲ . ①乡镇–聚落地理–空间规划–研究–中国 Ⅳ . ①K92 ②TU984.2

中国版本图书馆 CIP 数据核字（2022）第 255429 号

责任编辑：李晓娟 王勤勤 / 责任校对：郝甜甜
责任印制：徐晓晨 / 封面设计：美 光

科 学 出 版 社 出版
北京东黄城根北街 16 号
邮政编码：100717
http://www.sciencep.com
北京建宏印刷有限公司印刷

科学出版社发行 各地新华书店经销
*
2023 年 9 月第 一 版 开本：787×1092 1/16
2024 年 1 月第二次印刷 印张：13 3/4
字数：350 000

定价：188.00 元
（如有印装质量问题，我社负责调换）

"村镇聚落空间重构规律与设计优化研究丛书" 编委会

总　序

　　村镇聚落是兼具生产、生活、生态、文化等多重功能，由空间、经济、社会及自然要素相互作用的复杂系统。村镇聚落及乡村与城市空间互促共生，共同构成人类活动的空间系统。在工业化、信息化和快速城镇化的背景下，我国乡村地区普遍面临资源环境约束、区域发展不平衡、人口流失、地域文化衰微等突出问题，迫切需要科学转型与重构。由于特有的地理环境、资源条件与发展特点，我国乡村地区的发展不能简单套用国外的经验和模式，这就需要我们深入研究村镇聚落发展衍化的规律与机制，探索适应我国村镇聚落空间重构特征的本土化理论和方法。

　　国家"十三五"重点研发计划"绿色宜居村镇技术创新"重点专项项目"村镇聚落空间重构数字化模拟及评价模型"，聚焦研究中国特色村镇聚落空间转型重构机制与路径方法，突破村镇聚落空间发展全过程数字模拟与全息展示技术，以科学指导乡村地区的经济社会发展和空间规划建设，为乡村地区的政策制定、规划建设管理提供理论指导与技术支持，从而服务于国家乡村振兴战略。在项目负责人重庆大学李和平教授的带领和组织下，由 19 家全国重点高校、科研院所与设计机构科研人员组成的研发团队，经过四年努力，基于村镇聚落发展"过去、现在、未来重构"的时间逻辑，遵循"历时性规律总结—共时性类型特征—实时性评价监测—现时性规划干预"的研究思路，针对我国村镇聚落数量多且区域差异大的特点，建构"国家—区域—县域—镇村"尺度的多层级样本系统，选择剧烈重构的典型地文区的典型县域村镇聚落作为研究样本，按照理论建构、样本分析、总结提炼、案例实证、理论修正、示范展示的技术路线，探索建构了我国村镇聚落空间重构的分析理论与技术方法，并将部分理论与技术成果结集出版，形成了这套"村镇聚落空间重构规律与设计优化研究丛书"。

　　本丛书分别从村镇聚落衍化规律、谱系识别、评价检测、重构优化等角度，提出了适用于我国村镇聚落动力转型重构的可持续发展实践指导方法与技术指引，对完善我国村镇发展的理论体系具有重要学术价值。同时，对促进乡村地区经济社会发展，助力国家的乡村振兴战略实施具有重要的专业指导意义，也有助于提高国土空间规划工作的效率和相关政策实施的精准性。

　　当前，我国乡村振兴正迈向全面发展的新阶段，未来乡村地区的空间、社会、经济发展与治理将逐渐向智能化、信息化方向发展，积极运用大数据、人工智能等新技术新方法，深入研究乡村人居环境建设规律，揭示我国不同地区、不同类型乡村人居环境发展的地域差异性及其深层影响因素，以分区、分类指导乡村地区的科学发展具有十分重要的意义。本丛书在这方面进行了卓有成效的探索，希望宜居村镇技术创新领域不断推出新的成果。

2022 年 11 月

前　言

　　1978～2021 年，中国城镇常住人口从 1.70 亿增至约 9.00 亿，城镇化率从 17.92% 升至 64.72%。大规模城镇化驱动城乡地域间人口、资金等要素的流动，整体上加速了我国乡村的现代化进程，但同时也造成广大乡村地域面临资源环境约束、区域发展不平衡、人口流失严重、地域文化衰微等突出问题。为此，中央政府自 2004 年以来连续 19 年发布"一号文件"聚焦"三农"工作，实施了一系列促进乡村发展的战略性引导政策。2017 年党的十九大报告提出乡村振兴战略，2022 年党的二十大报告进一步将全面推进乡村振兴作为新时代新征程"三农"工作的主题。

　　乡村振兴战略的大力实施和持续推进，使乡村聚落迎来了重构与转型的新机遇。全面认识乡村聚落转型，识别重构特征与动力，并建构面向未来的规划设计方法，具有重要的学术价值和现实意义。但同时，由于我国特有的地理环境、资源条件与发展特征，国外经验与模式并不能简单套用，这就需要深入研究我国乡村聚落的发展规律，在理论上填补我国乡村聚落转型重构的系统认识，探索适应性的规划优化方法，为乡村振兴战略提供技术支持。

　　本书是国家"十三五"重点研发计划"绿色宜居村镇技术创新"重点专项项目"村镇聚落空间重构数字化模拟及评价模型"（2018YFD1100300）的研究成果之一，主要解析我国村镇聚落个体发展动力与作用机制，探索建构适合我国国情的聚落个体重构演变规律、转型发展模式路径与规划设计优化方法，并尝试运用数字化模拟的方式提升规划设计效率和科学性，以指导我国乡村地区转型发展与规划设计。

　　首先，基于乡村转型的理论基础与发展趋势，以全国优秀乡村重构个体为研究对象，总结典型案例的发展经验，提炼乡村聚落空间重构的特征，并提出基于主导资源的乡村聚落重构动力划分——农业升级、产业变革、休旅介入三种发展模式；其次，运用机器学习算法解析聚落发展重构过程的动力机制，并以此为基础构建适合我国国情的村镇聚落转型发展模式路径，指导乡村经济结构适应性调整和产业空间布局；最后，面向规划设计的发展需求，研发村镇聚落规划设计数字化技术的优化方法，提出一套"规划优化方法—数字化应用探索"的定性定量结合的规划优化流程，以数字化模拟为基础，科学、高效地优化乡村国土空间布局、居民点空间结构、基础设施配置等，同时运用参数化手段生成乡村聚落空间形态，提升乡村聚落空间规划设计的编制效率。

　　本书尝试提炼和发掘乡村聚落空间重构的特征、动力和规律，并实现其规划优化的技术创新。但是，这些探索对于复杂多样的我国乡村聚落来说，是不充分和不完整的，因此本书难免存在不足之处，敬请读者批评指正。

李和平

2022 年 12 月于山城重庆

目 录

| 第1章 | 村镇聚落空间转型重构背景

1.1 新时代聚落空间重构背景

1.1.1 乡村振兴战略提供聚落重构新动力

国家乡村振兴全面推进，是基于我国现实发展情况，破解"三农"问题是其工作重点。实施乡村振兴战略，是党的十九大作出的重大决策部署，是新时代解决不平衡不充分的主要矛盾、推动全面建成小康社会的重大战略，标志着城乡发展关系战略性转变（刘彦随，2018）。按照中央农村工作会议部署，乡村振兴战略的实施将分三步走：第一步，到2020年，乡村振兴取得重要进展，制度框架和政策体系基本形成；第二步，到2035年，乡村振兴取得决定性进展，农业农村现代化基本实现；第三步，到2050年，乡村全面振兴，农业强、农村美、农民富全面实现。至今，我国乡村振兴的制度框架和政策体系基本形成，全国乡村振兴进度已全面铺开，完成"三步走"的首个目标。在全国脱贫攻坚战全面胜利之际，2021年，《中共中央 国务院关于全面推进乡村振兴加快农业农村现代化的意见》指出："三农"的工作重心已发生历史性转移，从过去"脱贫攻坚"迈向全面推进"乡村振兴"阶段，向2050年乡村全面振兴的目标进发，乡村振兴进入新阶段，强调聚焦产业促进乡村发展，持续推进一二三产业融合发展，对于乡村的高质量可持续发展有了更高的要求。

从2018年起正式实施乡村振兴战略，并出台《乡村振兴战略规划（2018—2022年)》（以下简称《战略规划》）等众多规划与政策，逐步加强部署"三农"工作，将农村问题摆在了国家重要位置。其中乡村振兴战略提出"产业兴旺、生态宜居、乡风文明、治理有效、生活富裕"五大总体要求，并将"产业兴旺"摆在首位，既说明了解决农村产业问题是战略中的首要任务与工作重点，也预示着我国村庄农业转型发展将要进入关键时期，将要面临新机遇的到来。依据马斯洛需求理论，物质水平提高，村民会有更高层次的需求，对血缘传统、精神价值、乡土文明更为注重，乡村的文明风貌随之提升。所以，产业发展推动乡村经济增长，村民收入提高生活更加富裕，村民对生活水平的要求也随之提高，于是更多资金涌入到乡村物质空间建设，人居环境变得更加生态宜居。而乡村产业的发展，无论是机械化、规模化的生产方式的引入，还是加工运输等需求的丰富，抑或是休闲旅游功能的加入，都区别于以往的传统农业，原有的乡村空间结构、布局形态等都不能适应新的产业发展需求，从而导致当前我国乡村在自上而下的规划建设和自下而上的自主开发中不断解构、重组（吴丽萍，2017），促使我国村镇聚落发生重构以适应新的产业发展需求。

因此，在当下政策引导和现实需求之下，乡村空间重构速度和剧烈程度也区别于长久以来乡村聚落缓慢生长演变的过程，在此背景下，进一步研究探索产业发展转型与乡村聚落空间要素的发展对应关系和影响要素，成为关乎村镇聚落未来长远发展的重大命题，对推进乡村振兴具有至关重要的意义，亟待深入探索与研究。

1.1.2 农业农村现代化提出聚落发展新要求

根据联合国经济和社会事务部及《中国统计年鉴2020》相关数据，中国耕地面积为20.24亿亩①（2017年），人均耕地面积为1.45亩，远远低于人均耕地世界平均水平（约为3亩）。也就是说，中国需要养活的人口占世界人口的18%，然而，耕地资源仅占世界总耕地面积的约8.6%，并且水资源、林地资源、草地资源也远远低于世界平均人均占有量。因此，我国传统农业面临的最大问题就是人口数量过多与农业资源配置紧张的问题。同时，在我国约14亿人口中，约36%的人口在农村，同时有80%的国土面积在农村，这个现实情况决定了中国的农业生产和农业发展是发展现代经济的必然趋势。从世界农业发展的角度看，农业升级是由规模化到产业化再到特色化的过程。早在20世纪50~60年代，发达国家开始逐步推进农业机械化在农业生产中的规模化使用，大大提高了劳动生产率。劳动力的解放使这些国家进一步思考如何将最新科技和创意应用于农业生产中，将农产品变成消费品来提升农业的附加值。

自1982年中共中央制定了第一个专门针对"三农"问题的"一号文件"《中共中央批转全国农村工作会议纪要》（姜松，2014），党中央扶持农业发展的政策不断出台和强化：党的十七届三中全会指出"走中国特色农业现代化道路"。2015年，国务院发布的"十三五"规划建议提出"走产出高效、产品安全、资源节约、环境友好的农业现代化道路"。党的十八大提出"加大强农惠农富农政策力度，让广大农民平等参与现代化进程、共同分享现代化成果"。2015年12月31日中共中央、国务院发布了《关于落实发展新理念加快农业现代化 实现全面小康目标的若干意见》。党的十九大提出实施乡村振兴战略，并提出诸如"推动农村三产深度融合""加快推进城乡基本公共服务均等化"等要点。此外，2004~2021年，中央"一号文件"连续出台支农、惠农的政策（表1-1），为我国的新农村建设和农业现代化发展提供了政策支撑，标志着我国进入"以工补农""以城带乡"的新时期。

表1-1 2004~2021年中央"一号文件"及农业发展主要目标

年份	农业发展主要目标	主要措施
2004	增加农业投入，扩大农民就业，提升农民收入	继续扶贫工作，重点建设粮食主产区，继续优化农业结构和市场，改善农民职业技能
2005	城乡统筹，保护耕地，强化农业基础，提升综合生产力与科创研发能力	建设农田水利设施，加大农业科技投入，推广农村土地承包政策

① 1亩≈666.67m²。

续表

年份	农业发展主要目标	主要措施
2006	解决"三农"问题，推进社会主义新农村建设，提升农业转化能力	农田标准化，提升农作物良种覆盖率，设置农业科研中心，完善农产品流通渠道，提升农村公共服务水平
2007	工业化带动农业现代化	增加农村教育卫生文化方面投入，农业信息化、生态化、功能多元化，发展现代农业经营主体、市场流通主体
2008	保障农产品供给，农民持续增收	城乡基础设施、产业发展、公共服务一体化布局，农业标准化，支持规模养殖
2009	农业经济平稳发展	适当调节农产品价格，开展农产品布局规划，改造中低产田
2010	农村民生改善，需求扩大	优化粮食品种结构，800个产粮大县建成商品粮基地，完善农村水电路气设施，建设林农合作社
2011	水利信息化、现代化，基本建成水资源保护体系，加强设施建设，水源水质提升	新建农田灌溉区，治理重点旱涝区，水土流失防治，保护重要生态区
2012	继续提升农业科技水平，农业稳定发展，粮食稳定增产	整体推进示范县、示范产业园建设，新增补贴适当向规模农业地区倾斜，基本明晰产权，农技推广，增加供销网点
2013	构建新型农业经营模式，四化同步	发展远洋渔业，农业物质装备优化，打造农产品地理标志和商标，提升农产品质量安全，发展集约化组织化经济，合作组织多样化，推进三资管理
2014	农业经营技术多样化，传统与现代农业相结合，资源保护与市场经济结合，可持续发展	严守耕地保护红线，增加"三农"投入，继续开展分子育种等新兴科技研发，优化物流体系，改革农村宅基地制度、征地制度、土地经营权流转制度
2015	农业发展方式突破	开展全国高标准农田建设总体规划，发展特色种养业、规模化养殖业，打造知名品牌，发展乡村休闲产品
2016	发扬农业优势，农产品供给体系优化，建设美丽宜居乡村	发展"互联网+"现代农业及休闲农业，建设国家农业科技园，完善农田配套设施，提升农业企业集团的国际竞争力
2017	深化供给侧结构性改革，推动农村全面小康建设	构建三元种植结构，发展适度规模的家庭牧场、现代化海洋牧场、农产品优势区，发展绿色产业、宜居宜业特色村镇
2018	实施乡村振兴战略，到2025年贫困县全部摘帽，到2035年农业现代化基本完成	落实永久基本农田保护制度，发展智慧农业、信息农业，特色农产品出口，保护生命共同体，开展田园建筑示范
2019	全面推进乡村振兴，确保2020年实现脱贫，并做好两者之间的衔接，到2020年建成8亿亩高标准农田	区域化整体建设、农业由增产变为提质，重要农产品保障，建设"四好农村路"，加大乡村规划覆盖
2020	全面完成脱贫任务，补齐农村公共服务和基础设施短板	解决"三保障"问题，实现行政村通信网络普遍覆盖，保障供水饮水及治理污水，安排至少5%新增建设用地指标
2021	构建新型工农城乡关系，2021年巩固脱贫成果、建设1亿亩高标准农田。2025年农业现代化取得突破	农产品品质提升、品牌打造，育繁推一体化，确保耕地数量不减少，全面促进农村消费，盘活农村存量建设用地

资料来源：2004~2021年国务院发布的中央一号文件。

当前农业发展仍然是整个社会主义现代化的"短板"，同时，我国农业农村发展面临着重要的战略机遇期和转型期（周尤正，2014），面对国内外不断变化的新环境，需要结合市场，打破资源约束。开展中国特色农业现代化道路研究，对加快农业经济发展方式转变和技术升级，具有极其重大的意义。

1.1.3 城乡融合发展构建聚落空间新格局

中国自古以来就是农业大国，农业不仅为人类供给了所需的食物来源，更为工业的壮大输送了大量的生产原料，是国民经济发展的基础产业。改革开放后，二元化的城乡分治体系产生了诸多的矛盾和冲突。工农业"剪刀差""重城轻乡"的发展导向造成要素高速非农化，导致各类资源无法在城乡范围内进行合理分配，农业发展一直严重滞后于工业化水平，且已成为阻碍经济进一步发展的关键问题。具体表现在农村出现"空心村"现象、工农业劳动生产率差距扩大、城乡收入差距持续扩大等方面。

"三农"问题是影响我国社会经济发展和全局稳定的战略性问题，城乡融合是解决"三农"问题的根本途径。国家在不同时期，提出了由"城乡统筹"到"城乡一体化"再到"城乡融合"的动态演进解决方案（图1-1），随着2008年《中华人民共和国城乡规划法》的实施，中国正式进入城乡统筹时代。党的十六大提出"城乡统筹发展"并从农村经济发展、现代农业建设、农民收入增加三方面对"三农"问题的解决提出了要求；十七大与十八大都提出"以工促农、以城带乡"，到十九大提出"推动新型工业化、信息化、城镇化、农业现代化同步发展的总体部署"，建立"城乡融合发展"新格局，这些都为我国农业型村镇建设提供了政策支持和体制保障，由此城乡融合发展战略从形成概念向可操作性实施逐步演变，其发展方向和实现途径越来越明晰。从"城乡统筹"到"城乡融合"，城乡的差距在逐步地减小，城乡互动更加密切，城乡要素自由流动的制度性通道将基本打通，城乡生产要素将优化配置，双向流动将更加频繁（潘兵，2020）。"城乡融合"是将城市与乡村作为一个有机整体，通过社会交流、经济互动、空间衔接来进行城乡的深度融合和共同发展，在融合的过程中也要保留城乡各自的特色（杨志恒，2019），最后达到城乡居民生活质量等值、公共服务均等化、城乡居民平等享受基础设施的目标。未来需要依靠科技和制度创新繁荣农村经济，健全农业社会化的服务体系，促使产业发展、基础

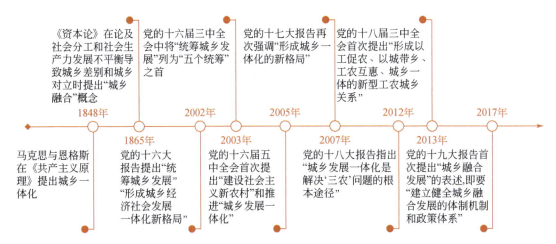

图1-1　城乡统筹、城乡一体化、城乡融合理论发展沿革

设施、公共服务等方面均衡配置，城乡要素平等交换，从而依托新型城乡关系，形成空间的新格局。

1.2 村镇聚落相关研究进展

1.2.1 村镇聚落空间演进

关于村镇聚落空间演进的研究最早起源于乡村地理学领域，通过多种方法和技术的交叉运用，从不同视角出发获得了大量成果。近年来，乡村聚落空间的发展和演变逐渐受到规划学界的重视，其研究内容主要聚焦在宏观层面的区域乡村空间系统和微观层面的村庄个体空间形态。

1.2.1.1 国外相关研究进展

国外的乡村聚落地理学科较之我国而言，具有起步早、研究系统性强、研究范围广等特点。通过对相关领域国外文献的梳理和综述，总结出国外乡村聚落地理学研究的领域主要集中在乡村聚落影响因素、乡村聚落类型与形态、乡村聚落用地、乡村聚落空间结构与地域组织、乡村聚落景观5个方面。弗瑞德（Fred）对多伦多周边小城镇外围的居民点进行了详尽的调研和动态的记录，总结出了外围居民点用地变化的特征及其演进机制（李红波和张小林，2012）。维奥莉特（Violette）和巴奇瓦洛夫（Bachvarov）通过梳理中东欧农村居民点及其用地的变化（范少言和陈宗兴，1995），探寻出不同的居民点在经济社会发展历史潮流中扮演着不同的角色，有的逐渐衰退，有的逐渐成长为区域的中心。克鲁帕（Krupa）和韦斯特比（Vesterby）的研究重点在于通过梳理、记录美国农村居民点的用地情况，得出其持续增长的趋势，且农村居民点用地约是城市居民点用地两倍的结论（李全林等，2012）。在详细分析了城镇化背景下农村居民点用地变化的前提下，卡门（Carmen）和欧文（Irwin）提出了农村居民点用地会受到农村人口非农化、城镇人口的迁移、农业产业结构的调整、生活方式的改变、农村功能的变化等多方面因素影响（马晓冬等，2012）。针对农村居民点用地现状不断扩张的现象，海恩斯（Haines）提出了四项改进措施，即购买发展权、转移发展权、控制农村居民点用地发展的最低规模和划定保护区，并对这四项措施进行了绩效评析，得出划定保护区是最理想的控制用地扩张的措施（Haines，2002；马利邦等，2012）。

综上，国外相关研究内容由单一走向综合，但受到年代和社会背景的局限，缺乏城镇化和工业化等视角下的乡村聚落研究。因而，对于我国现状特殊社会背景下的乡村研究不能给予充分的支持和参照。

1.2.1.2 国内相关研究进展

国内受西方相关学科影响较大，至今已有近百年的发展历程，从研究内容的角度讲，大致可以分为两个方面：一是村镇聚落空间形态特征、分布规律的研究；二是村镇聚落空间演化发展影响因素及其发展机制的研究（闫庆武等，2009）。

关于空间形态特征、分布规律的研究。韩茂莉和张嵘伟（2009）对 20 世纪以来巴林左旗乡村聚落的空间扩展过程进行总结，得出了在人口的推动下，其聚落空间演变与环境选择经历了由疏至密、由优至劣的过程。曾早早等（2011）利用地名志资料建立吉林省聚落地名数据库，复原了吉林省近 300 年来聚落格局的演变历程，并将其划分为四个空间阶段，认为影响聚落空间演变的主要因素可能与吉林省的自然地理条件、移民、驻防以及政府所施行的政策等相关。而关于村镇聚落空间演化发展影响因素及其发展机制研究。范少言（1994）通过分析乡村聚落功能的历史演化，认为农业生产新技术、新方法的应用和乡村居民对生活质量的追求是乡村聚落空间结构变化的根本原因。邢谷锐和徐逸伦（2007）认为，城镇化进程中乡村聚落空间的演变受到城市用地扩张、城乡人口流动、产业结构调整、基础设施建设和居民观念变化等多方面因素的影响。范俊芳等（2011）通过对侗族聚落空间形态演变趋势的分析，得出人口的快速增长及其结构的多样性使得民居建筑在数量、形态和功能需求上产生变化；物质流和信息流的变化使得传统价值观与生活方式改变，由此导致聚落空间形态的演变。此外，郭晓东等（2012）利用地理信息系统（geographic information system，GIS）空间分析方法，研究了 1998～2008 年秦安县乡村聚落的空间分布格局及其变化特征，并通过研究认为乡村聚落的空间演变是一个动态的现实空间过程，自然因素是其发展演变的基础，而人文社会因素是其发展演变的主要驱动力。

综上，国内研究现状主要集中在对聚落物质空间形态领域的研究，从宏观区域视角入手的乡村空间研究成果也比较丰富，具有很高的借鉴价值。但同时也缺少对微观层面空间演化的关注，以及对西部欠发达地区的研究，缺乏普适性的实际指导和借鉴作用。

1.2.2　聚落空间研究方法

1.2.2.1　国外相关研究进展

国外对乡村聚落研究较早，早在 19 世纪，德国地理学家科尔（Kohl）通过对村落、集镇、大都市进行比较，提出聚落分布和自然环境、地形存在很强的相关性（陈宗兴和陈晓键，1994）。迈岑（Meitzen）基于德国农业聚落的分析，探讨了聚落形成原因和聚落发展过程与条件（金其铭，1988）。这个阶段学者们更多以定性方法对聚落形成过程、空间布局等和自然环境联系分析，研究范围较小、描述说明居多（郭焕成，1988；白吕纳，1935）。

直至 20 世纪 20～60 年代，乡村聚落研究逐渐兴起，苏、美、英、法、德等国开始对乡村聚落的形成过程、发展导向、类型细分、乡村职能等进行研究。克里斯塔勒（2010）提出了典型的"中心地理论"，至今仍被广泛运用于乡村体系及实践分析中。20 世纪 60 年代后，国外在"计量革命"与现代信息技术的影响下，研究方法有了显著突破，由定性分析到定性定量结合转变。同时基于动态模型开始进行空间预测研究。例如，元胞自动机（cellular automata，CA）被广泛运用至社会学、经济学、地理学，最终引入到聚落空间研究中（White，1990）。另外，研究视角开始从单纯空间角度向人文社科、生态角度扩展，乡村聚落、空间、社会经济重构等研究开始被国外学者重视（Kiss，2000；Halfacree，2006）。

总体而言，国外对乡村聚落的研究起步较早，且较为系统全面。从研究尺度分析，涵盖宏观、中观和微观多尺度探索，且逐步向村域层面深入，但并没有对聚落空间重构过程进行重点研究，而更多地着眼于聚落空间及其影响要素的互动关系和长期演变进程。从研究视角看，国外习惯多学科交叉进行研究，如地理学、社会学、生态学等相互交融研究乡村聚落空间演变。从研究内容看，对乡村聚落布局及影响因素、形态特征及类型、景观生态等多有研究，内容日渐广泛和多元化、更注重乡村转型重构及人文环境的研究（Woods，2005）。从研究方法看，从传统定性分析到定量研究深入，逐渐结合计算机技术、模型等进行动态演变分析。

1.2.2.2　国内相关研究进展

国内对于村镇聚落空间研究方法的应用已经相对成熟多样，定量分析方法还有待进一步优化拓展。

定性研究方法一般为基于目标和分析重点，从不同的出发点，构建理论模型，分析驱动机制。其中，常见研究方法一方面主要为划分动力因素研究驱动关系，一般划分内外因素或自然及社会经济因素等，如贺艳华等（2018）提出乡村重构受自然约束力、资源支撑力、文化根植力、农户决策力等内部驱动力，以及城镇辐射力、市场推动力、政策推动力、行政干预力等外部驱动力共同推动；屠爽爽等（2019a）总结提出自然地理、经济社会、政策制度三方面驱动力共同推动。另一方面常见于基于系统理论、自组织理论等成熟理论，细化调整形成驱动机制，如杨军（2006）基于系统论，提出由需求、供给、营销与政府支持四个重要系统构成的驱动机制；赵赛赛（2020）基于自组织理论提出聚落重构的竞争-协同动力机制。此外，基于不同的分析重点，还常见以市场机制、社会价值机制、政治权力机制等为核心进行聚落空间的定性研究（许彦曦等，2007）。

而在定量分析研究中，一方面是采用量化指标体系测算的方式对特征规律进行摸索，并在进一步分析阐释上，结合概率论和统计学相关数学模型，广泛运用相关性分析、关联耦合分析、回归模型等挖掘内在要素联系。屠爽爽等（2019b）研究了乡村重构不同阶段构成特征，引入乡村发展指数、乡村重构强度指数和乡村重构贡献率的概念，对乡村重构过程的定量研究和驱动因素的对比分析，解析了乡村重构的驱动模式；唐林楠等（2016）基于灰色关联分析和综合指标评价揭示改革开放以来北京城乡转型和乡村地域功能的时序特征及其关联性；王丽芳（2018）通过综合评价指数、耦合度和耦合协调度解析了山西农业与旅游业融合的动力机制与发展路径；Gude 等（2006）通过构建广义线性模型、可用性分析、时间段区间划分等方法，得出美国的大黄石生态系统（Greater Yellowstone Ecosystem，GYE）内农业村庄住宅布局的驱动要素，包括交通和服务、原有发展模式等。另一方面是运用空间影像的分析手段进行研究，如席建超等（2011，2016）采取了参与性乡村评估（participatory rural appraisal，PRA）、GIS 空间分析技术和高清遥感影像等空间分析方法，以典型旅游村落苟各庄村为案例，研究了聚落"三生"空间的重构过程，总结出旅游乡村聚落是以乡村聚落空间融合、立体扩张和适度集约为基本特征。

具体相关量化分析方法类型多，针对对象不一，适应范围不同，本研究整理近年来较为常见的量化分析方法，同时梳理分析对象以及量化表征和指标（表1-2）。一般而言，量化分析主要用于对肌理特征解析和肌理重构规律解读，分析对象包含村落空间形态、村落道路、地块、公共空间等，常运用 ArcGIS 软件的空间分析方法、空间句法以及社会网络分析等。

表1-2 聚落空间量化分析方法研究梳理

年份	文献	方法阐述	量化表征	量化指标
2021	《湘南地区传统村落空间秩序的表征、测度与归因》	城市空间形态计量学、社会网络分析	村落边界复杂度、村落整体紧凑度、建筑朝向、建筑整体布局	分形维数（边界形状）、紧凑度、方向性、中心性
2019	《传统村落空间布局的图式语言研究——以张谷英村为例》	图示语言	构筑物–建筑–村落空间布局	符号化形成字、词、词组
2016	《传统村落空间形态的句法研究初探——以南京市固城镇蒋山何家–吴家村为例》	空间句法	村落空间形态与村民活动间的关系	空间格网与社会属性（集成度分析）、交通联系性（连接度、控制度）、核心空间与道路关系（深度值）、空间感知（可理解度）
2016	《衢州古村落空间形态研究》	参数化、定量＋定性结合	道路、地块、建筑	路网密度、道路长宽、角度，地块面积平均值，建筑单户首层面积、组合方式
2015	《传统村落空间形态的参数化规划方法初探》	用道格拉斯–普克法对道路处理，梳理空间形态	道路、地块、建筑	道路密集度、丰富度，地块形态、面积，建筑形态、组合模式，增设现代要素
2015	《传统村落之空间句法分析——以梅州客家为例》	空间句法、数学图论	乡村空间节点与社会活动等关系	连接值（CN）、相对控制值（CV）、深度值（D）、平均深度值（MD）、相对不对称值（Rn）
2013	《句法视角下广州传统村落空间形态及认知研究》	空间句法、轴线图结合意象图	整合度：局部要素联系与可达程度；可理解度：衡量局部空间结构	整合度（社会活动与空间联系性）、可理解度
2012	《传统乡村聚落二维平面整体形态的量化方法研究》	数理学、分形学、节点网络学等	聚落：形态；空间：结构、形态等；建筑：方向性、秩序性等	聚落、空间、建筑
2012	《传统村落公共空间的更新与重构——以番禺大岭村为例》	定性描述	街巷空间形态、公共建筑空间、水系、空间节点	—
2007	《从建筑形态到村落形态的空间解析——以皖南黄田古村落为例》	定性描述、类型归纳	建筑单元、邻里空间、村落空间（道路、公共空间）	—

从量化分析的发展趋势看，研究已不再局限于"就形论形"，而是进一步深入到形态演变内因以及非空间因素（如社会、经济等）的解析中。单纯通过观察现象—推导结论—形成学说的方式得出的结论，在本质上是一种尚需验证的假设，需要进一步进行研究探索。结合量化分析历史和乡村聚落研究趋势，量化分析还需要向以下两个方面拓展。

1）多要素分析。传统分析多对单一要素进行解构，要素综合研究不足。对于乡村聚落空间而言，聚落研究复杂，涉及面广，更需要明晰所需研究的空间要素，分别对不同空间要素进行综合研究。

2）地域性研究。较之单纯的空间领域而言，乡村聚落具有很强的地域性特征，而技术理性与乡土文明自然生长的感性形态存在一定的难契合性，如何运用量化分析方法对乡村地域性进行研究并运用至规划实践中需要进一步探索。

1.2.3 聚落用地模拟优化

1.2.3.1 整体趋势

依靠政府网站、遥感影像、手机信令等得到的大数据，应用评价模型、可视化技术与数字化分析等，是当前城乡规划领域研究与实践的重要方法。具体体现在规划设计的现状分析评价、城市群研究、城市交通规划、基础设施配置等多方面。这些大数据及技术方法的应用，一定程度上弥补了传统城乡规划模式中主观定性与平面化分析的缺陷，让规划学科能够更加科学地解释并解决城乡的复杂性问题。以中国知网（CNKI）数据库为例，近10年来规划学科主要期刊①中有关人工智能与大数据分析等相关论文有1900余篇，研究趋势逐年增长且在2014年后研究热度有明显提升（图1-2），可见规划学科利用数字化研究方法，与计算机学科的交叉应用是目前主要的研究趋势。

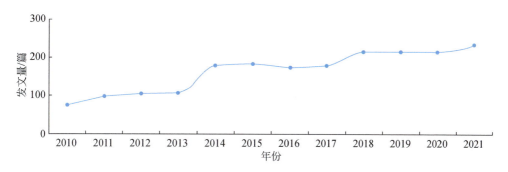

图1-2 规划学科中的人工智能与大数据相关主题发文量统计
资料来源：中国知网

1.2.3.2 发展历程

为针对性研究数字化模拟与城乡规划之间的关系，了解目前在城乡规划理论研究领域中数字化模拟技术的应用发展过程与转变，结合当下国土空间规划改革背景下地理学科的

---

① 规划学科主要期刊包括《城市规划学刊》《城市规划》《现代城市研究》《城市发展研究》《规划师》《国际城市规划》《西部人居环境学刊》《小城镇建设》《上海城市规划》。

兴起，选择规划学科和地理学科中关于土地利用数字化模拟的相关文献进行对比分析。基于 CNKI 数据库的相关文献，检索主题词包含"模型"或"模拟"或"数字化"，且选择国内规划学主要期刊中的相关文献，并通过人工筛选，最后共得到检索条目即相关文献 698 篇。同样，检索主题词包含"模型"或"模拟"或"数字化"，且主题包含"土地利用""三生空间""城乡""城市扩张""土地覆被""边界"，且选择国内地理学主要期刊①中的相关文献，并通过人工筛选，最后共得到检索条目即相关文献 322 篇。再利用 CiteSpace 软件进行计量分析，通过关键词时区图谱、突现图谱等分析手段，对 2000 年至今的两个学科检索得到的文献进行梳理，系统综述热点关键词的演化与主要的研究重点。

设置关键词切片一年一区间，按时区绘制关键词图谱（图 1-3，图 1-4）。通过对两个时区图谱上所示的关键词进行归纳、分类，找寻关键词变化与时间的关联，将两个学科有关"数字化模拟"的研究重点划分为 5 个阶段，分别为起步期、基础期、发展期、拓展期和提升期（图 1-3，图 1-4）。

1）起步期阶段，规划学科开始对数字化模拟等相关理论与概念进行研究，初步形成了理论基础与分析方法的主流思想。而地理学科尚未形成理论与技术的学科交叉，技术与应用的研究关联性不强。

2）基础期阶段，地理学科在技术与规划相关领域的交叉研究早于规划学科，有针对性地对多种模型模拟与技术方法进行研究，且开始在城市、用地、人口等领域进行运用。而规划学科在之前起步期的理论基础上，开始在土地利用、绿色建筑等领域进行数字化技术运用。

3）发展期阶段，地理学科率先对模拟模型与数字化技术进行优化深化，开始出现动态模拟、情景模拟，以及复合模型等提高模型精度、解决复杂性问题的新方法。规划学科也更具针对性地强化技术突破，出现建筑信息模型（building information model，BIM）、空间句法、引力模型等新技术方法。

4）拓展期阶段，两学科均可以看出研究有明显的外延拓展，新关键词有明显增加。地理学科出现城市增长等关键词，并在产业、耕地、景观格局上有所尝试。而规划学科中生态环境、城镇发展等领域成为研究热点。可见数字化模拟技术在两学科研究领域都进入探索创新阶段，开始解决城乡规划领域各类型问题。

5）提升期阶段，随着自然资源部的成立与国土空间规划改革，两学科基于前期各阶段的研究探索与技术突破，开始紧密结合时代热点问题，响应国家政策走向，重点关注城市群、三区三线、国土空间规划、城镇开发边界等问题，针对性进行技术运用与突破，自此研究走向成熟。

1.2.3.3 应用领域

通过以上对规划和地理学科在数字化模拟技术与城乡规划领域交叉研究的发展与演变

---

① 地理学科主要期刊包括《自然资源学报》《地理学报》《地理科学》《地理研究》《地理科学进展》《地球信息科学学报》。

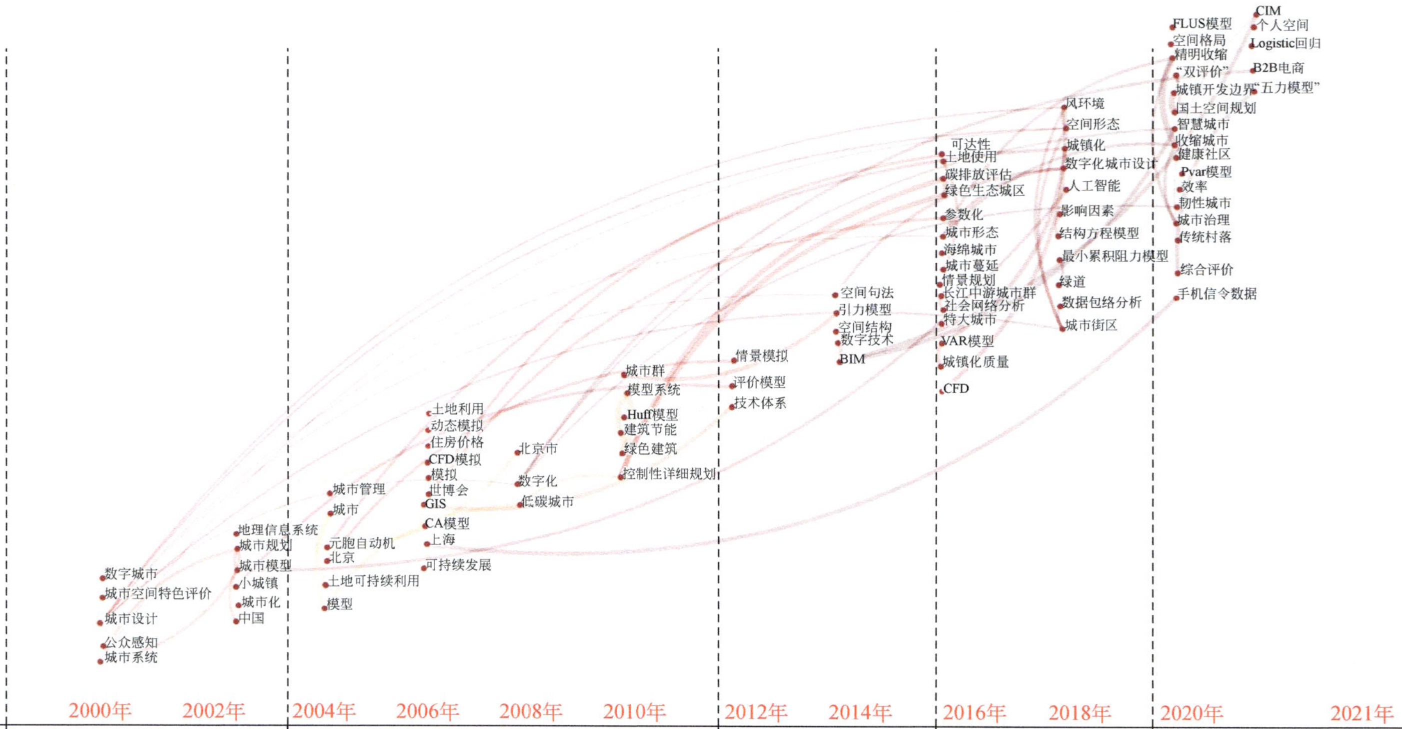

特征	研究偏理论与概念性	研究方向具体化	研究强化技术方法突破	关键词更多元，研究外延拓展	研究紧密结合时代热点问题
表现	形成了数字城市理论基础与数字化规划分析方法思想	开始在规划领域出现具体应用模型，土地利用、建筑等逐渐成为研究与应用方向的重点	开始出现不同的模型与模拟方法	生态环境、城镇发展等领域成为研究热点	以问题为导向优化数字化模拟技术与模型
时期	起步期 (2000~2004年)	基础期 (2004~2012年)	发展期 (2012~2016年)	拓展期 (2016~2020年)	提升期 (2020~2021年)

图1-3　规划学科数字化模拟技术在城乡规划领域的研究运用

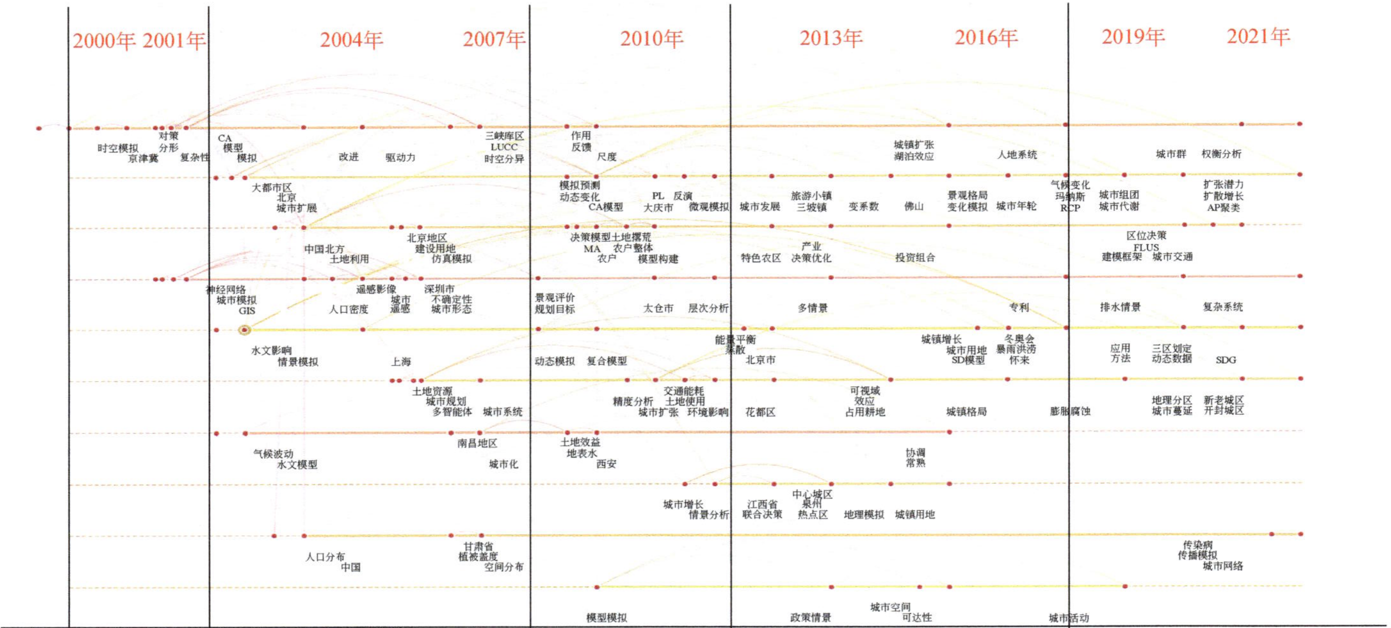

时期	起步期（2000~2001年）	基础期（2001~2007年）	发展期（2007~2011年）	拓展期（2011~2018年）	提升期（2018~2021年）
特征	研究关联性不强	关键词联结性强	研究强化技术突破	新关键词突显，研究方向丰富	关键词延伸化明显，研究从外延转向深挖
表现	尚未形成针对性技术方法与理论性技术论与学科交叉	关键词联结紧密，学科交叉特征明显；多种模型与技术方法、用地、城市、人口等关键词出现在这些聚类中，并与之关联	动态、情景、精度、复合等关键词出现，凸显模型与技术方法深化	城市增长聚类出现，明确提出核心模型与技术方法的应用方向，并在产业、耕地、景观格局上有所尝试	聚类集中回归模型与技术方法，对接时代背景，对接国家政策走向，出现城市群、气候变化等关键词

图1-4 地理学科数字化模拟技术在城乡规划领域的研究适用

的分析，总体上在技术应用层面已走向成熟，不断地在不同的科学问题上利用数字化模拟技术进行分析与解决。更关键的是，在 CiteSpace 软件的分析帮助下，对比分析生成规划与地理学科相关文献的关键词突现图谱（图 1-5）。结合前文中的关键词时区图谱可以看出，在地理学的帮助下，数字化模拟技术方法在不断创新，规划学科已逐步将数字化模拟技术重点研究运用在土地与空间规划等相关层面，近 3 年的应用方向包括空间形态、传统村落、城市扩展和土地利用等，合理对接学科时代背景。

1.2.4 聚落形态模拟优化

1.2.4.1 整体趋势

聚落建设空间即乡村居民点，是聚落居民生活的最主要空间，是聚落研究的重要内容。其中，以形态学与类型学为基础的定性研究成果丰富，大多借用了图示语言的研究方法，通过理论原理进行模式提取和构建空间模型，如段进等（2002）运用拓扑学原理对传统聚落空间环境进行分析和梳理，提出群、序、拓扑三种结构组织原型；张继珍（2010）运用类型学的方法，从环境、空间、建筑等各层次提取乡村聚落原型，综合提出理想村落构建模式；郑婉琳和王志刚（2021）基于分形理论对彝族聚落的各层级空间进行提取，进而进行聚落空间设计。

随着量化分析的兴起，定量研究方法逐渐多样化，其中在规划方面，研究多从人文历史、城乡规划保护视角，以指标体系评价方法为主流，如张杰和吴淞楠（2010）从《周礼·考工记》中提炼量化指标，对古村落在选址、轴线、尺度与视域角度四个控制方面进行了量化研究；de Koning 和 van Nes（2019）利用混合用途指数对挪威斯瓦尔巴群岛空间形态和景观特征公共功能的关系进行了解析。

另外形态肌理解析也为研究重点，其中基于空间句法的聚落研究广泛，如白梅和朱晓（2018）基于空间句法理论，建立模型数据库，进行参数测算和释义以揭示空间功能关系；陈瑶（2016）、王浩锋和叶珉（2008）、徐会等（2016）聚焦于古村落，在空间句法视角下对案例的空间形态格局进行了详细解析。

此外也有学者综合研究方法，建立数理模型进行量化解析，如王昀（2009）基于聚落空间要素特征，提出详细量化解析方法，对世界各地案例进行了对比分析；浦欣成（2012）采用编程、分形等方法提出一套聚落平面形态量化分析方法；温天蓉等（2015）提取原始村落的地形图道路、地块、建筑作为参数，对村镇聚落空间形态进行了研究。

随着数字化技术的发展，数字化模拟技术也在聚落研究中有一定的研究成果，主要为形态模拟技术方法，如 Emilien 等（2012）以欧洲小型聚落为对象，构建了一套适用于从山村到渔村的不同类型村庄的三步生成方法；童磊（2016）解析提取了村落空间肌理特征，建立了参数化识别生成机制，形成了一套参数化规划设计方法；李欣（2019）以湖南通道的侗族聚落为研究对象，采用人工智能的方法对其进行基因编码，结合量化结果确定基因参数，对传统侗族聚落的生成进行了计算机生长模拟。

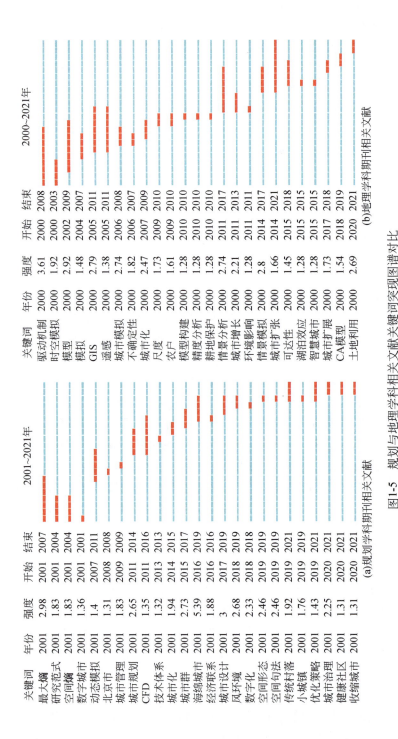

图1-5　规划与地理学科期刊关键词实现图谱对比

1.2.4.2　研究进展

微观层级，聚落空间肌理的相关研究较为丰富，主要为形态模拟技术方法。在此层级的模拟技术方法基本基于空间肌理进行构建，其中主要方法包含以图像识别的概率算法和图像转移算法进行迭代匹配的图像模拟技术，以及参数化模拟为主的形态生成技术。在乡村聚落层面，参数化设计的运用更为广泛，基于参数化特征选取与机制生成，在空间肌理修复、聚落空间生成均有大量探索，是较为成熟的聚落单体空间模拟思路（童磊，2016；李欣，2019）。

具体到建筑、街巷的空间层级，其内容丰富，发展影响要素多样，自下而上的影响更多，形成一个更为复杂的系统，故微观层级，聚落空间肌理的相关研究较为丰富，主要为形态模拟技术方法。随着数字技术的发展，形态生成从参数化的形态设计，更广泛的运用于基于人工智能而进行的更广范围形态生成。既有研究中，学者基于多种人工智能学习算法以及计算机语法规则等展开了建筑形态生成研究。

（1）元胞自动机

元胞自动机模型的基本思想是：自然界中的物质是由大量基本单元构成的，自然界中发生的复杂变化过程是由基本单元间的简单相互作用引起的。元胞自动机是一个特定形状网格上的细胞集合，每个细胞根据相邻细胞状态驱动，其驱动规则随时间推移不断演化。目前，元胞自动机已被用于建筑设计和城市规划等领域。由于元胞自动机的生成过程是由邻近细胞的状态指导的，元胞自动机对环境的敏感度较高。在设计过程中，需通过控制每个基本单元的局部行为来实现设计约束，因此基于元胞自动机的生成结果往往是复杂的和难以预测的。国外有关元胞自动机的研究较多，Lombardi 等（2018）结合大数据构建高密度城市三维规划模型；Salman 和 Rudi（2015）应用元胞自动机辅助高密度住宅建筑设计，探讨了可视化图解在解决密度、可达性、自然采光等问题上的潜力；Reinhard 和 Christian（2020）应用多主体模型和元胞自动机构建了城市规划方案的生成设计模型，生成了多个可能的建筑集群形式，用以作为设计阶段的备选方案。

（2）基于语法规则

基于语法规则方面，形状语法的应用较为广泛。形状语法是将带有符号的形状作为基本构成要素，通过语法结构分析进行形态生成的设计方法。形状语法的基本构成要素是初始状态和形状规则。基于形状语法的设计过程类似于传统的建筑设计过程，设计者应用语法规则，基于初始形态产生新的形状，该过程不断重复可得到众多新的设计结果。基于形状语法的设计关键是使生成设计结果满足设计约束。设计方法主要分为以下两种：①将设计约束融入形状规则中，这样可使生成设计结果满足给定的目标；②允许生成不受约束的设计结果，然后使用自动搜索和测试的方法搜索整个设计空间，从而筛选所需的设计方案。

在当下，基于语法规则的生成设计应用较广，最为典型的是帕里什（Parish）和穆勒（Müller）（Parish and Müller，2001）提出以 L-System 为基础扩展的用户导向的城市生成系统——CityEngine（后被 Esri 公司收购，更名为 Esri CityEngine）。CityEngine 系统能够根据用户输入的基本信息自动生成复杂城市模型。用户输入两种类型的二维信息图以控制城市生长：地理信息和社会统计学信息。其中地理信息包括高程、土地、水源、植被；社会统计学信息包括人口密度、区域划分、街道模式、建筑高度。国内还有如何宛余和杨小荻（2018）应用深度学习技术，开发的智能设计工具"小库"（XKool），可辅助设计者进行户型平面设计、居住区强排方案设计与建筑设计风格学习（陶伟等，2013；徐会等，2016）。部分设计院应用"小库"工具，辅助居住区强排方案设计，使用者在经过确定用地、产品输入、配比生成等操作后，可得到该工具生成的强排设计方案，其合理性衡量标准为视野、间距、日照、朝向与便捷性。在乡村聚落的研究中，基于语法规则的参数化设计运用更为广泛，基于参数化特征选取与机制生成，在空间肌理修复、聚落空间生成均有大量探索，是较为成熟的聚落单体空间模拟思路（童磊，2016；李欣，2019）。

（3）图像学习

在建筑肌理、空间布局及建筑风貌修复等领域，以图像识别的概率算法和图像转移算法进行迭代匹配的图像模拟技术也得到了广泛研究与应用，如林博等（2019）基于图像算法对温州市中央绿轴进行了规划模拟，唐芃等（2019）通过图像学习匹配探索了历史风貌区罗马中央 Termini 火车站周边地块的更新设计。

1.2.4.3　方法总结

目前，针对聚落形态模拟的研究，从生成的逻辑和技术路径上大致可以分为两类：第一类是基于"场地剖分"的方式，对地块和单元进行规则定义后，通过计算得到最后的平面布局；第二类是基于"街巷生成"的方式，跟随街巷肌理生成建筑，从而形成整体的空间布局。

在"场地剖分"的路径中，首先运用多智能体地块优化、沃罗努瓦（Voronoi）剖分等方式对场地进行整体剖分，形成最小单元地块；再通过迪杰斯特拉（Dijkstra）最短路径算法、A*寻路算法等交通路网算法对地块进行串接，生成道路街巷；最后通过地块内的建筑生成，形成整体的聚落空间形态（李思颖和李飚，2018）。

在"街巷生成"的路径中，目前运用较多的是基于 CityEngine 平台进行模拟生成研究（童磊，2016；吴宁等，2016）。首先，运用内置的道路系统模块，一般是以 L-System 或基于规则生成等方式对道路交通的网络进行生成；其次，按照矩形最优原则、地块面积最大值/最小值等方式对整个村落进行地块划分；最后，针对建筑要素，运用建筑生成规则，如 CityEngine 平台内置的 CGA（computer generated architecture，计算机生成建筑）规则进行建筑生成。

从两种生成方式的差异来看，"场地剖分"的方式常常采用算法"黑箱"，程序算法通常比较抽象且违背个人的日常"经验"，是基于程序代码并解决实际问题的流程方法（李飚等，2019）。"街巷生成"的方式是从研究的对象进行原型提炼，从系统属性中寻找典型性指标，并形成从原始的空间规律到抽象和格式化的数理模型解析过程，与"场地剖分"方式比较，其生成的形态肌理相对可控，且更加符合聚落动态生长的规律。

1.3　研究框架

本研究以村镇聚落空间重构为背景，以村镇聚落个体可持续发展为目标，以重构动力为切入点，对聚落发展类型划分与识别、"空间–动力"耦合机制解析、村域"三生"空间优化和聚落建设空间优化进行理论提升与方法创新研究，围绕聚落可持续发展构建起"理论+方法"的"双研究路径"。其中，理论提升通过对村镇聚落空间重构典型案例的研究分析，定性定量总结类型划分、空间重构特征、村域优化要素和聚落优化要素研究结论；方法创新则通过多种人工智能技术方法，完成村镇聚落类型识别、动力解析、用地模拟和建筑模拟四大研究模块（图1-6）。

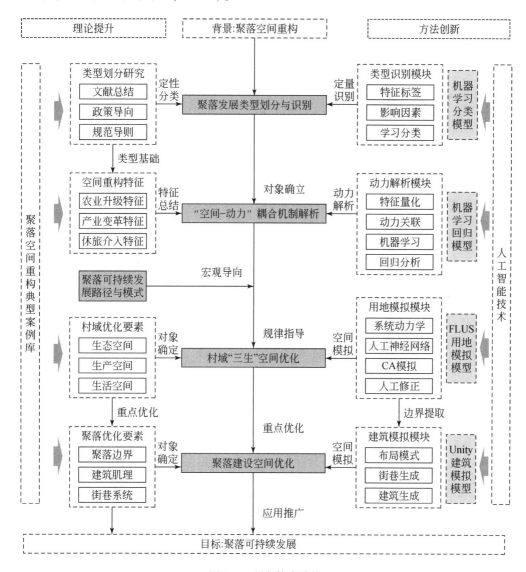

图 1-6　研究技术路线

第 2 章 相关理论基础与发展趋势研究

2.1 相关理论基础

2.1.1 村镇空间重构相关理论

(1) 中心地理论

中心地理论是由德国城市地理学家克里斯塔勒（Christaller）和德国经济学家廖什（Lösch）分别于 1933 年和 1940 年提出的，被认为是 20 世纪人文地理学最重要的贡献之一，它是研究城市群和城镇化的基础理论之一，也是西方马克思主义地理学的建立基础之一。该理论认为中心地有等级之分，高一级中心地比低一级中心地的规模更大、商品等级更高、货物供给范围更广，并基于理想地表和理性经济人的假设，通过中心职能与中心地两个概念解释人类活动的地理空间性，以演绎法得出六边形市场区的区位标准化理论（王士君等，2019）。中心地理论提出城镇的主要职能是充当周围农村的中心和地方交通与外部的中介者，中心地为周围地区提供商品和服务（克里斯塔勒，2010）。中心地的分布遵循市场最优、交通最优、行政最优的原则，根据中心地的服务范围可分为不同层次的等级规模，所提供的商品和服务的级别决定了中心地的等级。中心地理论中阐述了中心地层级、数量、规模、区位分布规律，成为区域研究的重要基础。

聚落作为人类活动的空间，其空间布局的选择是自然地理位置、经济地理位置和交通位置的有机结合。早期聚落选址大多是在考虑自然地理环境的基础上进行的，而平原地区和水源地则成为聚落选址的依据。在城市经济和产业不断发展、辐射能力逐步增强的过程中，空间辐射效应将对聚落的空间布局产生一定的影响。中国村镇各类产业发展迅速，产业区地理区位、用地规模以及区位辐射等对地方经济发展有较大影响。随着产业升级和变革，村镇聚落的区位选择呈现多样性趋势，也会对乡村聚落经济发展产生一定影响，从而引起乡村聚落其他方面的变化。

(2) 空间扩散理论

城乡聚落空间的演化是一个动态变化的过程，集聚与扩散在其中不停变化。当区域经济发展水平处于较低水平时，以集聚为主，生产要素向中心城市集中，当中心城市发展到一定阶段，拥挤成本接近集聚收益后，开始以扩散效应为主，区域发展的协调性逐步提高。哈格斯特朗（Hagerstrand）提出了现代空间扩散理论，他认为接触扩散、等级扩散、重新区位扩散是创新活动扩散的基本类型。

空间扩散理论已被用于解释从城市地区扩散到邻近的乡村聚落腹地，并同时随聚落等级不同而上下扩散。瑞典学者 Bylund（1960）在对瑞典聚落中心研究的基础上提出了聚落扩散的 6 个假设模式，并总结为 4 种基本模型，提出在相同区位条件的假设下，聚落都是从母聚落开始分阶段向外扩展的。第一阶段是区域外的居民长距离迁移而导致区域扩展，第二阶段是居住区内部的居民短距离移动导致居住空间形态与结构的演化。在此基础上，哈德森（Hudson）试图把中心地理论和扩散理论结合起来分析乡村聚落的分布，将聚落扩散划分为三个阶段：殖民化时期，聚落从原住地向新的领地扩散；聚落集群时期，随着人口密度的增加产生了聚落集群，并对自然和社会环境产生压力；聚落分布规则化时期，区域聚落之间的竞争导致了聚落分布模式的规则化（Pacione，1984）。此外，普拉特那（Plattaer）把乡村聚落空间结构的演化过程分为三个阶段：未中心化阶段，主要特征是村庄之间出现互惠的交换活动，但尚未形成定期的集市；没有乡村集市的中心化阶段，乡村节点类型已分化为农业村落和市镇两种，市镇是满足农民对制造业产品需求的供给地，但由于农民收入低、需求有限，乡村市场交换还未形成固定的位置；乡村市集中心化阶段，乡村已经走出了乡土社会，具有商品农业和城镇化的特色，并且乡村市场交易中心固定化，并形成多等级、多层次的市场结构（张小林，1999）。但是，空间扩散理论在一定程度上描述了聚落空间发展、扩散的基本特征，但难以解释许多发展中国家的乡村非农化发展导致的聚落扩张，在快速发展的国家，聚落的数量、分布、位置等都是多种复杂因素长时间相互作用的结果，并且随着时间的变化，影响因素也在不断变化。

（3）空间网络化理论

空间网络化是区域社会经济发展到一定阶段后出现的一种地理空间现象。数据分析技术的发展为城市空间网络化的演化和交通流动行为的研究提供了有力的支持，为基于大数据的城市空间研究提供了可能。针对传统理论难以阐释城市空间协同演化的复杂性、时变性和非线性，大数据能够更真实客观地反映城市空间增长及使用强度状况，呈现很多针对城市空间相关因素的定量分析、基于多主体多要素的集成分析模型的研究。空间网络系统内容多元且复杂，包含经济网络、交通网络、设施网络、制度网络、生态网络等子系统，其中社会网络、经济网络和管治网络对网络结构演化起关键控制作用。空间相互作用依赖区域间的人流、物流、资金流、技术流和信息流等形式的作用方式，是区域间发生各种联系的根本。在地域空间网络组成要素上，点、轴、圈层、域、面等是其构建的必要部分，各要素组合方式决定了空间网络的多样性特征。因此，网络空间组织相关理论、空间相互作用理论和有关空间网络地域要素组织的理论构成了空间网络化理论的基础与核心部分。空间网络化结构是城乡经济社会活动进行空间分布与组合的理论框架。当前，中国城乡经济、社会、空间处于转型重构期，充分利用空间网络化理论，有助于将区域内分散的要素、资源、产业、经济部门及地区组织整合成一个具有不同层次、功能各异、分工合作的区域网络化发展系统，从而推进城乡一体化发展。城乡一体化理论将城乡作为一个整体，为城乡空间网络化融合提供理论依据（吴燕，2020）。

（4）乡村多功能发展理论

随着全球化、信息化和生态化的发展，区域经济社会发展方式不断转型，城乡聚落空间不断重构。在城乡地域综合体中，城市地区人口与经济高度集聚，主导着产业结构的运行，居于中心地位；而乡村地区的多功能发展趋势比较明显，不仅具有生态、生产、生活功能，还具有对城市空间增长的限制功能等。因此，乡村多功能发展理论成为城乡转型发展研究的重要内容。多功能性的概念最早于 1992 年在巴西里约热内卢召开的联合国环境与发展会议（United Nations Conference on Environment and Development，UNCED）上提出，1998 年经济合作与发展组织（Organization for Economic Co-operation and Development，OECD）提议将其用在农业发展上，并提出"农业多功能"概念。随着西方国家农业和乡村发展的转型，出现了乡村多功能发展理论，其蕴含着城乡统筹发展的思想，强调城市市场是乡村功能发展的重要导向。从发展历程来看，乡村多功能研究经历了生产主义、后生产主义、多功能发展三个基本阶段。随着农业生产技术的不断进步，农业生产出现了产能过剩，并且随着经济社会不断发展，西方国家对乡村景观、休闲、户外游憩的需求增加，因此农业呈现出转型发展的趋势。一些学者在此基础上，将多功能概念逐渐扩展到农业和乡村发展研究领域，并提出了乡村多功能发展理论，来解释城镇化过程中乡村地域日益明显的差异化发展趋势，而且乡村多功能发展理论应用范围不断扩大，成为指导发展中国家城乡转型发展的重要理论（李智，2018）。

其中，以 Holmes（2008）的研究影响较大。他以澳大利亚为例，对乡村多功能发展理论进行了系统化研究，并将乡村地域划分为三种主要功能：①生产功能。随着科技的发展，农业生产出现了过量，不仅导致农业产业加速向商品化方向转型，还使得农业不再占据乡村主导地位，乡村产业向多元化方向发展。②消费功能。随着通信技术的发展和小汽车的普及，城乡之间交通便利性大大提高，城市居民、资本、生活方式不断向乡村渗透，其中最明显的变化就是乡村产业、要素等逐渐向商品化方向发展，开始为城市提供服务，并且非农收入超过了农业收入。③保护功能。"城市病"的出现使人们更加关注乡村地域美丽宜人的生态环境、田园牧歌的生活方式以及生物多样性保护等。

2.1.2 村镇产业优化相关理论

(1) 产业区位理论

产业区位理论是研究人类经济活动的空间选择和空间分布规律的理论，研究起始于 19 世纪初，到 20 世纪 40 年代趋于成熟。长期以来，学者们对产业和空间区位的研究热情极高，从杜能的古典区位理论到现代的点轴布局等理论，研究不断加深，研究范畴也由城市产业空间扩大至乡镇，研究内容也由普适性产业到特定产业类型。

产业区位理论可以从成本、市场、行为划分为三种学派，也可根据发展阶段分为古典、近代及现代区位理论，本研究为更好地阐述产业区位理论的特征，从学派角度进行分析（表 2-1）。成本学派认为交通运输对区域经济发展影响极为重要，常成为产业发展、空间布局和空间扩展的主要力量之一，与区域经济的空间结构紧密相关。典型理论有杜能提出的杜能环（运费与农业生产方式的空间配置原理），韦伯的产业区位理论，以及胡佛在其基础上考虑运输费用概念的运费区位理论。成本学派对区位论的发展起到很大作用，但也存在较多问题，加速了古典区位理论向现代区位理论转化。市场学派的理论提出晚于成本学派，市场学派认为在考虑成本和运费的同时，也要注意市场区的划分和占领。典型理论有霍特林提出的市场空间竞争模式，帕兰德提出的市场空间竞争理论，廖什提出的市场区位理论等。行为学派是现代区位理论的重要分支，是结合社会学、心理学等角度，对新古典经济学的反思和批判。典型理论有劳斯顿、史密斯提出的收益性空间界限，普雷特提出的行为矩阵等。随着经济社会的快速变迁，产业区位理论也得到多样化发展，出现了现代常见的也受到广大领域普遍认可的区位理论，如中心地理论、增长极理论、点轴分布理论和梯度发展理论等。

表 2-1 产业区位理论分析

产业区位学派	代表人物	理论概述	典型理论图示
成本学派	杜能（Thunen）	提出杜能环，即运费与农业生产方式的空间配置原理，奠定了农业区位理论基础	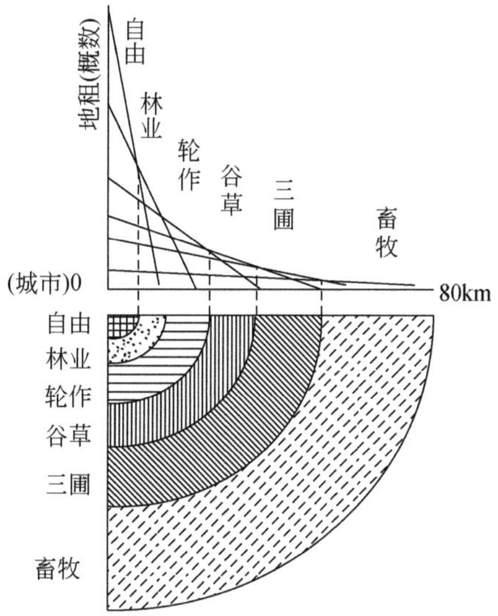 杜能环形成机制与圈层结构
	韦伯（Weber）	提出产业区位理论，认为经营者一般在所有费用支出总额最小的空间进行布局	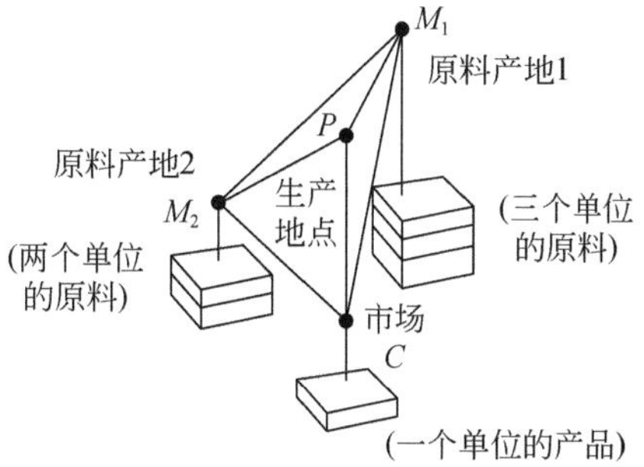 "范力农构架"区位分析法

产业区位学派	代表人物	理论概述	典型理论图示
成本学派	胡佛（Hoover）	胡佛在韦伯区位理论的基础上引入了运输费用的概念，因此胡佛的区位理论又称为"运费区位论"	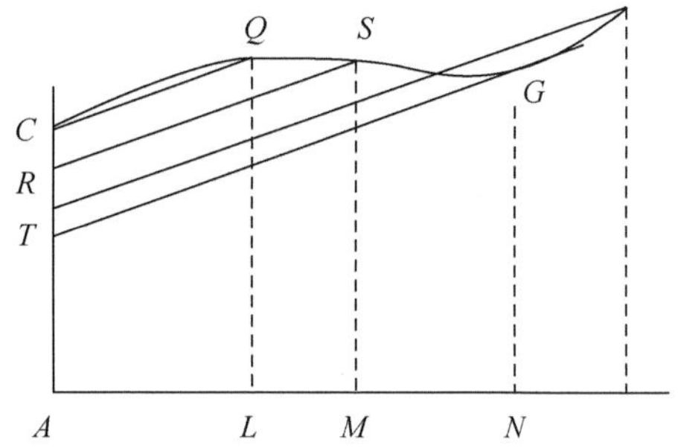 制造业规模和市场末端送达价格线 当生产地为 A，市场区域分别到达 L、M、N 时，其对应的 A 点生产费用分别为 C、R、T，市场地域末端送达价格分别为 Q、S、G
市场学派	霍特林（Hotelling）	提出市场空间竞争模式，探索在直线市场条件下存在两个竞争企业时，区位和市场地域的关系	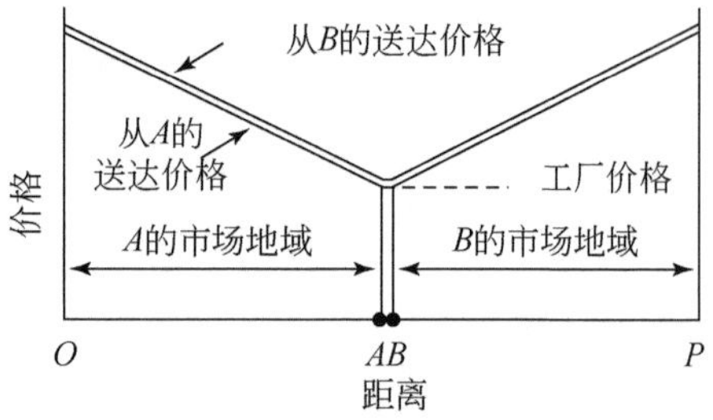 直线市场的竞争示意
	帕兰德（Palander）	提出市场空间竞争理论，认为生产者占有的市场空间大小将对其获得的利润产生影响	—
	廖什（Lösch）	廖什的市场区位理论把市场需求作为空间变量来研究区位理论，进而探讨了市场区位体系和工业企业最大利润的区位，研究了市场规模和市场需求结构对区位选择和产业配置的影响	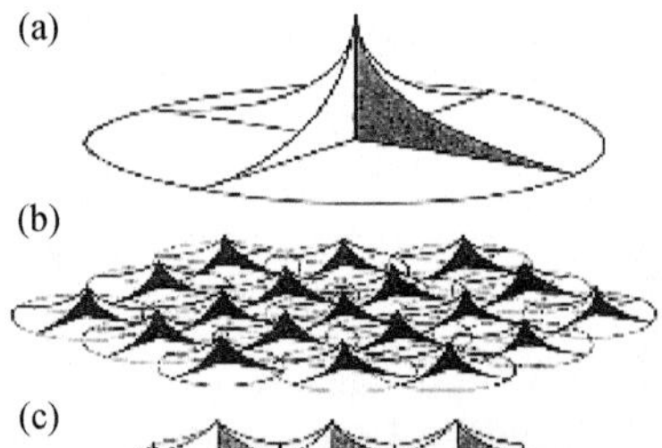 市场区位模型

续表

产业区位学派	代表人物	理论概述	典型理论图示
行为学派	劳斯顿（Rawstron）、史密斯（Smish）	收益性空间界限，承认次优区位的合理性和现实性，认为能得到最大利润的区位是总收入超过总费用的最大地点	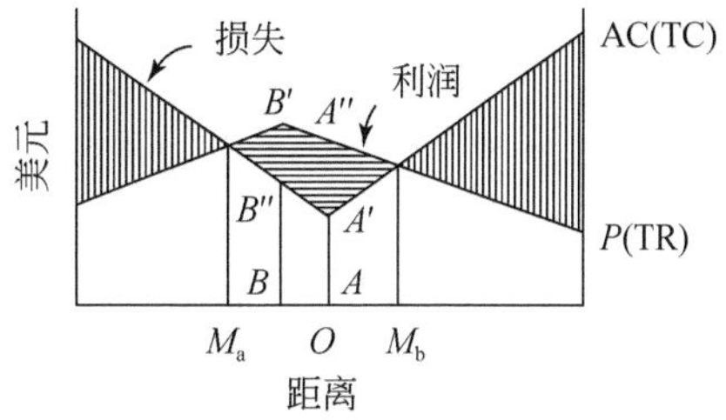损失 利润 AC(TC) P(TR) 美元 B′ A″ B″ A′ B A M_a O M_b 距离 收益性空间界限区位模型 AC（TC）指平均费用（总费用）；*P*（TR）指价格（总收入）；*A* 指费用最小的区位，*A*′指 *A* 对应的费用，*A*″为 *A* 对应的收入；*B* 指收入最高的区位，*B*′为 *B* 对应的收入，*B*″为 *B* 对应的费用；M_a、M_b 指平均费用和价格正好相等的区位，M_a、M_b 以内地区收入大于费用，是有赢利的区域
	普雷特（Pred）	行为矩阵，指经济活动区位是从事经济活动的行为主体-人类的决策结果	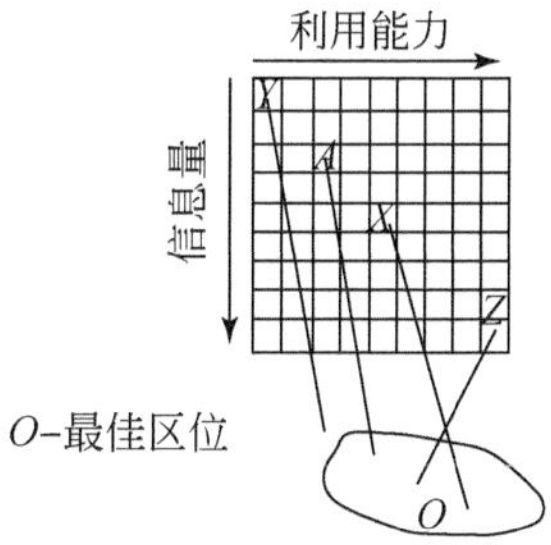利用能力 信息量 Y A X Z O-最佳区位 O 收益性空间界限 行为矩阵和收益性空间界限
经典现代产业区位理论	克里斯塔勒（Christaller）	中心地理论，是研究城市群和城镇化的基础理论之一，是研究城市群和城镇化的基础理论之一，也是西方马克思主义地理学的建立基础之一	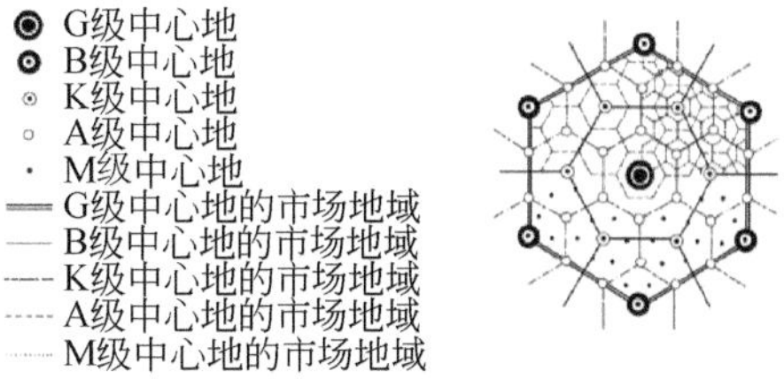G级中心地 B级中心地 K级中心地 A级中心地 M级中心地 G级中心地的市场地域 B级中心地的市场地域 K级中心地的市场地域 A级中心地的市场地域 M级中心地的市场地域 市场原则下的中心地系统

续表

产业区位学派	代表人物	理论概述	典型理论图示
经典现代产业区位理论	佩鲁（Perroux）	增长极理论，经济增长通常是从一个或数个"增长中心"逐渐向其他部门或地区传导。应选择特定的地理空间作为增长极，以带动经济发展	 制度创新区域差异
	陆大道	点轴分布理论	—
	缪尔达尔（Myrdal）、赫尔希曼（Hirschman）	梯度发展理论，地理二元经济结构理论	—

注：图片作者根据相关资料绘制。

一般而言，产业活动需落实在具体的地域空间，并形成不同的分布形态和空间联系。产业发展受到区位的极大影响，一方面产业活动趋于集中化分布于特定空间；另一方面产业布局常常选择在空间的最佳配置位置。本书应用产业区位理论，研究乡村不同产业类型和空间区位选择的关系，分析不同产业发展对空间偏向性，挖掘产业变革、空间演变各自内在逻辑以及相互关联性，指导产业变革型乡村的规划优化实践。

（2）产业结构优化理论

伴随着社会经济发展，社会生产分工进一步专业化，产业结构也不断演进并优化。对于乡村而言，目前乡村产业得到前所未有的发展。在科技进步和社会生产升级影响下，乡村产业从传统的第一产业不断演进，由简单向复杂转变。由于不同地域引发产业结构优化的因素不同，产业结构的演化过程也因地而异、因时而异，但整体仍存在一定的共性，故本书对产业结构优化理论进行归纳总结，为后续乡村产业升级、布局调整提供理论依据。

产业结构优化理论研究范围较广。国外理论有配第-克拉克定律，指三次产业劳动力分布会由第一产业转向第二产业到后续转向第三产业的趋势。后续库兹涅茨完善了配第-克拉克定律并于 1970 年提出"经济服务化"规律，指到工业化高度发展阶段，产业结构中服务业的占比超过工业，成为经济活动的中心。接着又有学者对城市产业结构进行了研究，提出工业结构的高度化规律。其中罗斯托提出经济成长阶段论，指出在经济发展的各个阶段都存在一个或几个能够带动其他产业发展的部门，这些部门具有创新率高、增长速度快、扩散效应明显的特点，并起到领头羊作用。国内学者在国外研究成果基础上，也提出产业结构优化中主导产业选择的相关理论。

（3）规模经济理论

规模经济理论作为经济学理论基础之一，主要指导企业生产，在各个产业领域具有广泛应用。规模经济理论最早由亚当·斯密提出，在《国富论》中从劳动分工角度对规模经济进行了解释。他认为当生产规模增大时，为了提高生产效率，节约工作时间，劳动应该分工分类，能有效提高劳动力的专业化水平，且明确能够应用机器生产的环节，从而提升效率（彭群，1999）。但这仅是对规模经济进行初步解释，直至马歇尔在研究大规模经济时，在《经济学原理》中正式形成规模经济理论。同时提出，企业的规模与市场竞争存在关系，大规模容易产生"市场垄断"，所以企业规模并非越大越好，规模报酬也并非越大越高，而是存在规模报酬递增、不变及递减三种情况（张海如，2001）。后继学者在马歇尔的基础上进行研究，提出规模经济对生产效率的提高具有积极的促进作用，其中萨缪尔森对规模经济理论的研究较具代表性。他认为企业通过对生产要素投入进行统一管理，有效控制生产成本，提高生产效率，从而能够进行大规模生产。从生产成本角度分析，规模经济可以在一定程度上转换为成本的相对减少或不变，期望实现最大产出来实现效益的增加（徐榕阳和马琼，2017）。较多学者主张规模经济是指企业扩大生产规模时，企业生产的平均成本或产品单位成本会减少，从而导致企业生产利润的增加。

综上，根据规模经济理论可以概括出，随着生产规模的扩大，企业倾向雇佣专业性较强的劳动力，使用较为先进的生产技术，从而降低企业生产的单位成本，获得更高的经济效益。对于农业生产而言，农业生产空间规模的扩大，可能会影响农民对于农业生产的模式是否依赖生产机械以及是否仍然由自己生产的选择。降低农业种植中的人工成本，转为投资引入高效且相对稳定的生产机械，即可提升经济效益，实现规模经济。因此基于规模经济理论，认为农业生产规模会影响农业生产效率，是现代农业的发展方向，同时也需要在用地上做出空间响应。

2.1.3 村镇空间优化相关理论

（1）人地关系理论

人地关系理论是人文地理的基础理论，专门研究人类和地理环境的相互关系（李小云等，2018）。人地关系指人类社会在发展过程中，人类不断对地理环境进行改造利用，增强适应地理环境的能力，从而改变地理环境的面貌。另外，地理环境也影响着人类活动，不同地域环境的人们生活生产方式也会有所不同，因此产生地域特征和地域差异。

乡村聚落空间作为乡村地理学研究的核心空间单元，是人地关系地域系统研究的重要组成部分（冯应斌和龙花楼，2020），聚落的形成、空间演变等都是自然环境和社会经济环境综合作用的结果。因此研究产业变革型乡村聚落空间更需要对乡村人地关系进行深度研究，对乡村自然环境的变迁、人类社会的发展等进行综合分析。

随着快速城镇化、工业化以及农业现代化的推进，城乡发展要素的流动极大地改变了乡村地域的社会经济、空间结构，聚落发展无序化、乡村空心化、生态污损化等现象普遍存在，人地关系发生前所未有的巨大变化（冀正欣等，2021）。因此审视现状人地关系，正确理解乡村发展情况，并对乡村聚落空间格局演变规划及阶段特征分析研究，对乡村振兴有着重要意义。

（2）乡村空间资源化理论

乡村空间资源化指通过特色化手段，实现乡村空间的旅游资源化，即将乡村各类空间资源，包括自然生态景观、人文生活、生产等空间资源综合纳入乡村旅游资源中进行考虑。该理论强调空间资源利用，对于村落，提出乡村建设与产业发展有机结合，将乡村聚落空间作为旅游产品进行规划，构建以乡村为中心，多层次整体化的乡村空间结构；对于村庄，提出自然与乡土特征保护、特色打造、符合休闲需求、展示村落精神、构建空间形象等原则。该理论重点关注乡村规划建设方法，将乡村营建与旅游产业发展结合，平衡乡村建设、旅游开发、资源保护等关系，促进乡村空间高效利用适应需求，合理转型发展，能够有效指导休旅介入型乡村空间优化设计。

（3）乡村地理学理论

乡村地理学是以乡村地区作为研究范围，以乡村人地关系协调为研究目标，主要研究乡村聚落、土地利用、景观、经济、人口、文化等发展过程、特征和规划（金其铭等，1990）。特别在最近十年，围绕乡村转型、粮食安全、新农村建设、土地整治等主题，国内外学者逐步热衷于该领域基础理论、方法及典型类型区域研究。龙花楼（2012）认为21世纪以来国际乡村地理学研究开始转向探究乡村性的表现，即从原先关注乡村的物质性转向关注其政治经济结构与社会建设。其研究主要城乡发展转型"过程–格局–机制"范式、乡村系统功能多样性判定、乡村地域类型分异与机制、城乡关系的理论解析、城乡基本服务均等化与城乡等值化测度等方面。在研究过程和研究方法中，乡村地理学一贯注重将乡村地区的经济社会文化发展与自然环境相结合，注重技术手段和实地考察相结合的方法。

2.2 聚落空间发展的问题梳理

2.2.1 聚落重构的规律解析不足

乡村聚落空间作为复杂的巨系统，研究所需涉及的空间要素、研究层级多而复杂，而不同要素的空间重构遵循其内在的重构逻辑与规律。当前，乡村的规划建设无视资源特征和需求，对乡村的发展规律和乡村空间特色认知不清，造成过度开发、空间不协调的现象层出不穷。从已有研究来看，村域层面更倾向于对乡村空间总体布局以及资源统筹，主要是对三生空间、聚落结构研究（李广东和方创琳，2016；黄金川等，2017）。聚落层面则是在更为微观角度对村民日常生活的聚落空间进行研究，研究内容包含住宅、产业、公共空间、景观、设施等（张京祥等，2012；林琳，2018）。整体而言，国内外相关研究都经历了研究内容由单一对象向多要素复合方向转变，研究视角的深度、广度以及适应时代发展程度都有了明显提升。但研究视角的多样以及不一致性导致聚落规律的分辨率低，现今研究多针对聚落的某一要素或几个要素，如三生空间、公共空间等，对乡村聚落组成的空间要素缺乏统一的研究。

2.2.2 聚落转型发展同质化明显

由于长期的城市规划教育和实践的局限，我国乡村规划编制既有思路与模式脱胎于城市规划，传统城市规划的模式就不可避免地"遗传"到乡村规划中。传统的乡村规划方法以土地开发强度为主要指标，在实现快速实施、土地指标集约化，以至于体现管理者政绩方面具有不可忽视的作用。通过借鉴"模式化"样板的规划设计下，很多新农村被规划成农村"小别墅区"，导致空间形态上"兵营式"布局、"千村一面"的局面，不仅空间景观越发单调、趋同、乏味，还很难真正适应农村居民的实际需求，逐渐引发空间的特色危机，制约我国村庄发展。杨洁莹等（2021）以南京地区美丽乡村建设为例，认为现阶段乡村旅游产业规划相互模仿是主要问题之一，同质化竞争不仅降低乡村旅游产业的竞争力，也造成对乡村地区自然生态环境的破坏和污染，对村落建筑风貌的原真性与艺术性丧失等产生消极影响。荣玥芳等（2021）从村庄文化空间保护的角度出发，认为在现代化生活和过度追求商业化的影响下，规划建设下乡村空间格局趋于同质化，传统村落特色文化空间逐渐废弃，传统村落的格局形态难以得到合理的保护与优化。熊耀平等（2021）则聚焦村庄生活空间，认为不断流失村庄民俗特色和乡土文化，让文化认同和传承缺乏有效的空间载体，也就导致现在村庄聚落内建筑建设风格单调、同质化严重。此外还有研究提出村庄定位同质化严重，村庄发展方向"求全不求精"（朱静怡等，2021），乡村依照同质化且粗放的配置标准进行村庄公共服务设施规划，导致乡村整体配置完善度不高，满意度偏低（万成伟和杨贵庆，2020），以及村庄规划建设中的"城镇化倾向"而产生村庄别墅群等问题（曾晓抒，2021）。甚至由于行政干预上传下压，村庄规划成为当地政府行政考核的一项任务，具体内容都是由一个设计院用一个规划模板制定而成，毫无创新性、针对性和实用性（李保华，2020）。

综上可以看出，村庄规划同质化问题已经从规划内容的多个方面显现，严重影响村庄定位、产业发展、设施配置、村庄环境，甚至是村庄文化。同质化的村庄发展模式或者规划策略，本质上并没有解决村庄已有的问题，甚至还会带来新的问题，影响村庄的可持续发展，阻碍我国乡村振兴的进程。

2.2.3 定性为主科学性有待提升

传统的规划实践以及研究中，基于定性分析的规律描述和模式总结是主要的研究方法，定量化手段的缺失也导致乡村规划的科学性不足。由于规划过程中乡村空间优化规律难以寻觅，多通过经验总结进行规划探索，乡村地域性特征，如路网结构、建筑肌理等，常结合规划者主观意念以定性方式归纳总结。乡村空间优化策略常以定性方式提出，忽视地方特色、产业发展的特殊性，缺乏指标性、定量化数据支撑，产业和空间规划结合性不强，这也导致规划后村庄易出现功能失调以及发展失稳。

所以，在村镇聚落空间分析与规划时，加强定量分析手段是提升当前规划科学性的有效方式。通过数学、统计等方法对聚落空间规划中的各种问题进行量化分析，可以帮助规划者更好地了解聚落空间的现状和未来发展趋势，以及理解和解决规划问题，提高规划的科学性和可实施性。特别是在大数据和数据挖掘时代，通过提升汇总、分析和呈现数据的能力，可以更为丰富、完整地分析聚落空间的发展演变过程。例如，通过定量分析提升聚落空间分布、要素结构组织、建筑空间形态等演变特征的认知，同时结合定量模型解析聚落的人口、交通、环境等方面的影响因素，为规划方案的制订提供科学依据。

2.3 聚落空间发展的趋势总结

2.3.1 动力机制的深入剖析

村镇聚落作为一个复杂系统，其空间的转型重构是涵盖社会经济文化多维度、内外交互、破旧立新的过程，因此相关的转型动力也非常广泛。传统研究将村镇所具有的资源，包括自然条件、地理区位，以及社会、经济、科技、政治、文化、旅游等方面综合成为一个整体因素进行研究（邹兵和张立，2017；齐立博，2019），周国华等（2011）、张常新（2015）从因子角度，把影响因子划分为基础因子、新型因子与突变因子以及外部因子、内部因子，龙花楼和屠爽爽（2018）从机制耦合的角度，划分了诱发机制、引擎机制、引导机制、约束/促进机制、支撑机制五种机制相互耦合。不同动力类型为乡村的可持续发展提供更加明晰的发展模式，能适应本区域鲜明特征的经济结构和经济运行方式，其形成和发展受自然资源、经济资源、生产力水平、历史传统及政府行为等诸因素影响。选择科学的、适宜的农村发展模式，是实现农村可持续发展的本质要求，因而在科学分析把握区域农村发展系统演化动力状况的基础上，立足区域农村自身特征及其发展条件，是确定农村发展区域化主导模式的基本思路（张富刚和刘彦随，2008）。

2.3.2 空间优化的规律探寻

面对城乡发展失衡、乡村产业落后、生态环境破坏的情况，急需从动力机制和重构规律角度探索乡村空间优化原理。深入剖析不同动力下的空间要素变化规律，如三生空间、聚落形态、基础设施、公共服务等要素的响应变化模式，有助于全面推进乡村振兴。当前，越来越多的研究关注到聚落空间重构动力受到乡村内在的资源条件、人力条件，外在的市场、政策制度、乡村经营模式等多种因素共同作用，从而基于内外动力角度剖析重构动力或构建作用机制、影响因子来解读重构规律和响应模式。在机制研究下，乡村空间优化能提出更有针对性、更有效的措施。探寻乡村转型发展受内在因素和外在驱动力的共同作用，在内外动力的驱使下，乡村系统遵循不同的转型路径和重构规律，并形成各异的空间响应模式，进而呈现不同的城乡关系。

2.3.3 数字技术的发展应用

随着学科融合和新技术理念的融入，我国在规划领域的研究不断深入到定量分析以及数字化动态预测中（李红波和张小林，2012；何仁伟等，2012）。一方面，定量分析方法从设计理念、方法流程等给建筑规划行业带来了创新视角和技术突破，也为政府部门、设计机构提供了定量化的数据，为设计的落地性、实效性提供了保证；另一方面，较之传统的定性描述型研究方法，量化分析可将复杂的聚落空间关系简化成数学逻辑，在应对复杂的空间问题时有着动态、高效等优势。在规划设计的现状分析评价、城市群研究、城市交通规划、基础设施配置等多方面，在一定程度上弥补了传统城乡规划模式中主观定性与平面化分析的缺陷，让规划学科能够更加科学地解释并解决城乡的复杂性问题（王建国和杨俊宴，2021）。学科融合之下数字化技术逐渐兴起，人工智能、智能算法、GIS、大数据等技术手段逐渐介入城市规划及建筑设计领域，为解决科学问题提供了新的契机（彭坤焘和田旭，2019）。在当下，土地利用人工智能模拟、参数化生成等方法已经逐渐获得认可，部分技术已为更多设计机构、开发商和政府部门所重视与肯定，甚至得到相关政策法规的保障（李明禄，2018），在未来必将给规划行业发展带来突破性变革。

第3章 | 村镇聚落空间重构特征分析

3.1 当前村镇聚落类型划分研究

《战略规划》中明确提出要科学把握乡村的差异性和发展走势分化特征，分类施策、突出重点，并将我国村庄分为集聚提升、城郊融合、特色保护与搬迁撤并四类，并分类提出规划要求。该规划其实是从国家层面对我国未来村庄规划做出明确要求，在顺应村庄发展规律和演变趋势的前提下，为避免村庄同质化而影响其可持续发展，扎实推进乡村振兴，要求我国的村庄规划注重分类施策，分类推进规划工作。因此，村庄分类则变成目前村庄规划的核心任务之一。

目前主流的村庄类型划分结果大致分为两种，一种是依据《战略规划》的分类结果进一步细分村庄类型。其中李裕瑞等（2020）以盐池县为例，通过构建村庄分类模型与识别流程，将《战略规划》中提出的四大类型（特色保护类、搬迁撤并类、城郊融合类、集聚提升类）村庄进一步细分成22小类村庄类型。同样，王凡等（2019）参考《战略规划》的分类，通过GIS空间分析与评价体系，判别村庄发展水平，以铁岭县为研究对象，将村庄类型调整为城镇融合类、稳定增长类、改造提升类、逐步收缩类和搬迁撤并类。

而另一种是依据村庄产业等各种驱动力划分类型。白丹丹和乔家君（2015）依据前人的研究经验，将专业村依据三大产业划分为农业型、工业型及服务业型；杨忍等（2021）通过核密度分析和最小累积阻力值模型，基于"一村一品"和交通条件，构建村庄复合类型网络，将广东省农业型专业村共划分为12类，包括城市近郊种植型、城市远郊种植型、山区农业种植型、城市远郊养殖型等。还有研究依据村庄各产业占GDP的比例划分出均衡发展型、农业主导型、工业主导型、第三产业主导型四大类型（董光龙等，2019；张孝存和折小龙，2019）。而戈大专等（2019）通过系统、多尺度分析农业生产转型阶段差异，依据黄淮海地区农业生产转型类型，将村庄划分为传统农耕型、现代市场型和城郊休闲型3类。除了依据产业驱动外，吕兆群等（2022）综合村庄资源禀赋和发展潜能，构建村庄发展潜能评价体系，以重庆市荣昌区村庄为研究对象，将村庄划分为产居引领型、资源提整型和极化辐射型。金晓斌等（2021）依据内外源性乡村发展要素将村庄划分为多种发展型、主导发展型、限制发展型和不宜发展型。此外，相关文献还有依据村庄聚落空间特征（杨欢和何浪，2019）、乡村振兴潜力和土地利用效率（欧维新等，2021）以及地域类型（张建波等，2020）等划分村庄类型，也均具有其划分的科学性与参考价值（表3-1）。

表 3-1　基于相关文献的村庄类型划分结果一览表

划分依据	具体划分结果	相关文献作者
依据《战略规划》的分类结果进一步细分	四大类 22 小类：集聚提升类（中心集聚型村庄、成边型村庄等）、城郊融合类（城市近郊型村庄、县城城关型村庄、乡镇驻地型村庄等）、特色保护类（历史文化名村、传统村落等）、搬迁撤并类（生存恶劣型村庄、生态脆弱型村庄、灾害频发型村庄等）	李裕瑞等（2020）
	5 类：城镇融合类、稳定增长类、改造提升类、逐步收缩类和搬迁撤并类	王凡等（2019）
依据村庄产业等各种驱动力	3 类：农业型、工业型、服务业型	白丹丹和乔家君（2015）
	12 类：城市近郊种植型、城市远郊种植型、山区农业种植型、城市远郊养殖型，等等	杨忍等（2021）
	4 类：均衡发展型、农业主导型、工业主导型、第三产业主导型	董光龙等（2019）、张孝存和折小龙（2019）
	3 类：传统农耕型、现代市场型、城郊休闲型	戈大专（2019）
	3 类：产居引领型、资源提整型、极化辐射型	吕兆群等（2022）
	4 类：多种发展型、主导发展型、限制发展型、不宜发展型	金晓斌等（2021）
依据村庄聚落空间特征	3 类：南部密集区、中部过渡区、北部稀疏区	杨欢和何浪（2019）
乡村振兴潜力和土地利用效率	4 类：高潜力高利用型、高潜力低利用型、低潜力高利用型、低潜力低利用型	欧维新等（2021）
地域类型	4 类：平地型、水乡型、海岛型、山地丘陵型	张建波等（2020）

3.2　动力主导视角下的聚落类型划分

　　综合以上研究可以发现，村庄类型划分是解决村庄规划同质化明显问题的有效途径，动力主导下的村庄类型划分，对于乡村基于本地资源条件进行特色可持续发展具有更加清晰和直接的指引作用。

　　其中，乡村产业基于地域资源禀赋的特色发展，成为驱动乡村发展的重要动力，其分类方法较为成熟，传统农业、加工贸易业和旅游业是"产村互动"发展的典型主导产业类型（陈晨等，2021）。传统农业是长久以来乡村最为普遍的主导产业类型，随着时代的发展与技术的进步，大量村镇聚落以单纯的第一产业为主的传统种植业、养殖业向以第一产业为依托，一二三产业联动的现代农业的转型，从初级农产品转向高附加值，从粗放型转向集约型升级；另外，生产技术的进步突破促使加工贸易产业兴起发展，伴随着相关政策和产业园区的建设，推动乡村低端加工业与手工制造业升级，并产生物流业等新兴贸易产业，不断促进相关村镇产业优化升级、结构调整，实现振兴发展；同时随着人们生活水平的提高，对广大乡村休闲体验需求不断攀升，乡村旅游业蓬勃发展，乡村地域及农事相关的风土、风物、风俗、风景组合而成的乡村风情不断吸引旅游者前往休闲、观光、体验，带动村镇聚落发展。基于乡村发展的主导动力，本书将村镇聚落单体划分为五种类型：农业升级型、产业变革型、休旅介入型、城镇化型和生态保育型（图3-1）。

图3-1 聚落类型划分

五种动力类型与《战略规划》中的四种村庄类型相衔接，可以更好地服务于乡村振兴战略。其中，农业升级型村庄可以与集聚提升类、城郊融合类和特色保护类进行结合，进行农业现代化升级；产业变革型村庄则主要是与集聚提升类和城郊融合类一并考虑，依托集聚、城郊的优势，发展农产品加工、物流、手工艺品制作等；休旅介入型村庄则更多的是依托自身资源，如近郊旅游市场优势、特色文化优势，或是生态环境资源优势等，与城郊融合、特色保护、搬迁撤并等类型融合发展。城镇化型聚落与城镇联动发展，空间形态、发展动力也相应地与城镇相衔接；生态保育型则响应国家生态保护的要求进行生态移民搬迁，以保护为主（图3-2）。本书主要对乡村内生化发展为主的农业升级、产业变革、休旅介入三类聚落进行重构动力分析，分别对应村庄产业的农业、加工业、旅游业转型方向。

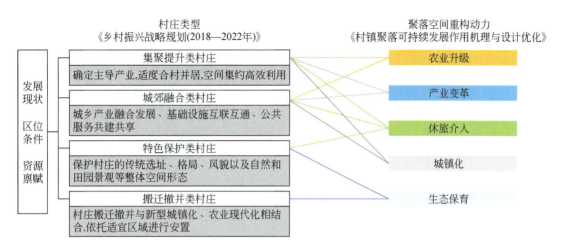

图 3-2 聚落空间重构动力分析

3.2.1 农业升级——基于农地资源的高效提升

农业升级的本质是乡村传统农业的发展，传统农业的转型升级推动村镇聚落转型发展，乡村放弃传统的农业劳作方式，选择新农业生产模式，通过推进农业规模化、体系化和流程化，应用现代农业技术，优化农业生产方式，从而极大地提高土地产出率、农业劳动生产率和市场竞争力等，聚落受生产模式升级的影响因而实现重构优化。

农业作为第一产业，其良好发展能为第二产业、第三产业的生产奠定坚实基础。我国传统农业面临的最大问题就是人口数量过多与农业资源配置紧张的问题。同时，我国14亿人口中36.1%在农村，同时有80%的国土面积为农村，这个现实情况决定了我国的农业生产和农业发展是发展现代经济的必然趋势。从世界农业发展的角度看，早在20世纪50~60年代，发达国家开始逐步推进农业机械化，实现农业生产的规模化，大大提高了劳动生产率。而我国也在多年中央一号文件的引领下，强化农业转型升级发展，逐步实现乡村农业现代化目标。在这一发展过程中，现代农业产业逐渐取代了传统农业在我国乡村的核心地位，也打破了我国原有的村镇聚落空间格局，形成了农业升级型乡村这一新时期乡村类型，走出了农业升级发展的模式（图3-3）。

农业现代化是用现代工业升级农业设备、现代科技优化农业结构、现代经营理念提升农业规模、现代管理办法加强农业效率、现代服务体系完善农业配套功能，将低端的传统农业改造为产出质量高、科技含量高、设施水平高及环境价值高的现代农业的过程。农业现代化相比传统农业主要有以下四个优势：①农业生产方式机械化，提高土地产出率。②农业生产高效化，降低能耗、循环发展、改善生态环境（Yang and Zhu, 2013）。③农业生产组织社会化，形成社会化的农业生产组织，提高劳动生产率和减少农业所需劳动力。④农业产业链多元化，改善农产品品质，农产品类型和面向群体增多。

图 3-3 农业升级型村镇聚落

资料来源：作者自摄

农业升级发展基础是对于农村农地资源集约高效利用所带来的乡村经济社会的提升，这是发展的原动力。在城乡一体化背景下，以市场需求为导向，关注农业产出的多功能性、探究农业多元价值，以完善利益联结机制为关键，将资金、科技、知识、人力及其他资源进行跨产业集约化配置，将农业内产供销环节串联，并与科教文卫及旅游业有机整合的过程（赵霞等，2017）。通过城市的高新科技渗透，用现代工业装备农业，构建机械化耕种、高效循环的现代化农业生产方式，提高生产效率。同时在市场和政府的共同作用下，形成以龙头企业为核心、农民合作社为纽带、家庭农场和专业大户为基础多面开花的布局，形成可持续的发展模式。

3.2.2 产业变革——基于农业产品的加工升值

产业变革指产业的结构、组织和技术发生变化、改革，转向为更好的发展状态。一般是由于科学技术上的重大突破，国民经济产业结构发生重大变化，从而促进产业优化升级和结构调整（荣鹏飞和葛玉辉，2014）。在乡村振兴的大背景下，产业处于转型发展的关键时期，由于经济的快速发展，传统产业结构进行调整，乡村聚落难以适应现代化的生产生活方式，在空间上出现重构。乡村范畴中的产业变革情况一般是指单一的农业经济向以农业为基础、以工业为主体、以服务业为支撑的方向转变，本研究所指的产业变革型乡村为第一产业转型升级至第二产业，如加工业、流通业以及手工业、制造业等（图3-4）。

农产品加工连接着田间地头和消费市场，能极大提升产品附加值，从而使得利润显著提升。一般而言，农产品加工产业涉及农产品生产、存储保鲜、加工（初、精加工）、物流运输、产品销售等各种流程，涵盖了从田间到餐桌的全产业链的全套产业体系。国家也高度重视农产品加工业，并在政策上给予扶持和指引。2020年7月，农业农村部印发《全国乡村产业发展规划（2020—2025年）》，明确了乡村产业发展的重点任务：提升农产品加工业。统筹发展农产品初加工、精深加工和综合利用加工……推进加工技术创新、加工装备创制。建设一批农产品加工园和技术集成基地。

图 3-4 产业变革型村镇聚落

资料来源：作者自摄

当前基于纯劳动力的传统农业生产型乡村仍占绝大多数，乡村产业发展相对滞后，未能挖掘自身地域特色，充分利用乡土资源进行产业升级。据统计，2020 年我国农产品加工业营业收入超过 23.2 万亿元，与农业产值之比接近 2.4∶1，农产品加工转化率为 67.5%[①]，比发达国家低了近 18 个百分点。在新一轮科技革命、城镇化工业化推动下的产业转型、消费升级，为农产品加工业提出新的发展要求和方向。

3.2.3 休旅介入——基于本底资源的旅游挖掘

休旅介入的本质是乡村旅游业的发展，休闲旅游的介入推动乡村聚落转型发展，乡村基于优美自然环境、田园风光、特色文化传统等本底资源进行开发，吸引旅游者进行观光休闲、度假康养、运动休闲、文化体验等休闲旅游活动，聚落受各类休闲旅游活动影响而实现重构优化。

乡村旅游在 19 世纪起源于欧洲，在我国发展起步较晚，兴起于 20 世纪 80 年代的传统农家乐模式，从供给的角度来看，主要是农村产业结构调整的需要；从市场需求的角度来看，主要是城镇化进程加快的结果。在此两者影响下，我国乡村旅游随着 80 年代以来的农村土地政策调整和产业结构调整而萌芽发展，从农业衍生产业发展至今，随着社会的发展和人民生活水平的提高，需求层次不断提升，活动需求逐渐多元化，体验需求成为重点，在发展中休闲旅游产业逐渐取代农业的生产生活主体地位，与乡村社会空间融合，形成了休旅介入型乡村这一新时期乡村类型，走出了休旅介入发展的模式（图 3-5）。

乡村旅游的需求由社会经济情况、时代潮流等客观需求和人民主观需求共同构成，主要来自游客对目的地和客源地之间的差异化追求，是对乡村旅游的发展起着重要的外在拉动作用（张树民等，2012）。市场需求是动态发展的，当今社会人民生活水平不断提高，需求侧逐渐升级的情况下，城市居民出于回归自然的动机，以及对乡村的人居环境、田园风光、生活方式、民俗风情和生产活动等城市所不具备的独特要素形成的乡村特征的好奇

[①] 中国农业科学院统计数据。

图 3-5 休旅介入型村镇聚落

资料来源：作者自摄

等旅游需求，从而形成旅游活动。

休旅介入发展本底是依托于资源特性给游客带来的对乡村的独特感知，这是发展的原动力。旅游产业发展主要依托其在地资源内生化发展，基于本底资源进行旅游挖掘，扎根乡土，形成特色发展模式。乡村本底资源中，具有突出价值和吸引力的资源被优化筛选成为旅游资源，通过规划建设打造成为旅游产品，吸引旅游者消费，形成旅游活动（吴晋峰，2014）。各乡村旅游目的地评价资源价值，立足乡村实际，考虑区位地理条件、社会关系情况、目标市场偏好等，选取优势特色资源引导产业定位和发展，充分挖掘特色旅游资源，打造特色的旅游产品，作为吸引旅游者的主要吸引物，依据自身资源特性突出和坚持旅游供给产品的个性和特色，促进了旅游需求的产生，形成了可持续的发展模式。

3.3 不同类型村镇聚落的空间特征

3.3.1 不同类型村镇聚落典型案例

本次研究案例主要基于"数据可获取性、发展成效显著性、产业发展典型性、地域分布广泛性、发展脉络完整性"五项原则筛选研究案例，共筛选出 30 个全国典型案例乡村。

来源主要包括全国乡村特色产业十亿元镇亿元村、"一村一品"示范村镇、全国乡村产业高质量发展"十大典型"、农业产业强镇中的优势产业村、2020 年名村影响力 300 佳排行榜、全国乡村旅游重点村、中国美丽休闲乡村等名单，并择优选取了部分极具代表性的省市级获奖典型案例（图 3-6）。

（1）数据可获取性

由于乡村行政等级低，数据资料的完整性、时效性和公开性都较低，各类历史资料也较为缺乏，从我国对村镇聚落的研究现状来看，正是基于基础数据资料的缺失，聚落层面的研究内容相对较少。因此本书优先考虑基础数据的完备，针对全国土地调查的节点年限，综合历史卫星影像的普遍情况，选择 2008～2011 年中的一年作为重构前，以及 2018～2021 年中的一年作为重构后研究的时间节点，以此节点数据的可获取性为原则，优先考虑村界

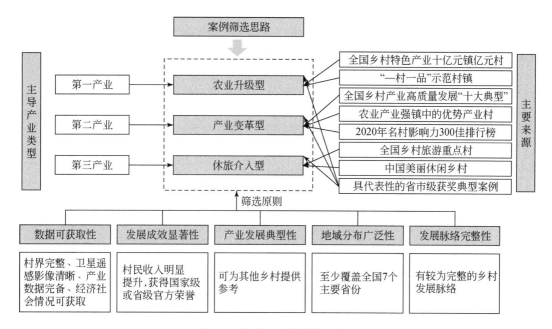

图 3-6　聚落典型案例筛选思路

完整、卫星遥感影像清晰、产业数据完备、经济社会情况可获取的村镇聚落作为研究案例。

（2）发展成效显著性

本书的目标希望基于典型优秀案例的经验总结对广大乡村聚落的发展提出有普适性、可实施性的规划优化模式，故典型案例应当发展成效显著，发展模式和发展成效具有极高认可度。为体现成效显著性，在经济发展上，村域优化发展后村民收入应得到明显提升，并高于当地乡村居民人均水平；在认可度上，须获得国家级或省级官方荣誉，并优先考虑接待多次重要领导考察和获得主流官方媒体新闻报道的乡村。

（3）产业发展典型性

因不同地区乡村的地理区位、气候条件、资源本底并不完全一致，其发展也呈现多样化特征，但在乡村发展中产业发展路径存在一定的共通性，可为其他乡村提供参考，因此本书基于乡村产业发展典型性筛选案例。

（4）地域分布广泛性

本书旨在研究全国村镇聚落发展普适性规律，为最大限度减少地区经济、文化差异等对研究结论的影响，确保全国大部分村镇聚落均能参考研究成果，本次案例筛选需考虑案例地域分布广泛性。研究选取案例覆盖全国至少 7 个主要省份，保证典型研究案例分布广泛和均衡。

（5）发展脉络完整性

本书研究乡村规划优化的方法，需要识别案例聚落的空间重构规律，为了更好地识别分析其重构历程，需要全面梳理空间重构脉络。故筛选过程中需要考虑案例在近 20 年具有较为完整的、可追述的发展脉络，即乡村发展进程主要发生于这一时间段，保证对村镇聚落的完整认知。

研究最终选取了 30 个典型乡村（表 3-2），选取的案例村基本覆盖中国 7 个地理区划，由于全国各地区乡村发展程度不一，选取案例在地理空间上存在数量差异，最终选取案例东北 1 处、华北 3 处、华中 1 处、华东 19 处、西北 1 处、西南 5 处。相关乡村聚落资料来源于地方村志、规划文本、学术论文、网页资料以及相关书籍。

表 3-2　30 个全国典型案例乡村基本信息一览表

动力类型	序号	地区	省市	县镇乡	村名
农业升级型	1	华东	安徽省滁州市	来安县舜山镇	林桥村
	2	华东	浙江省杭州市	桐庐县横村镇	阳山畈村
	3	华东	江苏省南通市	如皋市城北街道	平园池村
	4	华东	浙江省湖州市	南浔区菱湖镇	陈邑村
	5	华东	江苏省苏州市	吴江区同里镇	北联村
	6	华东	江苏省苏州市	常熟市董浜镇	里睦村
	7	华东	福建省漳州市	云霄县马铺乡	客寮村
	8	西北	陕西省咸阳市	礼泉县西张堡镇	白村
	9	西南	四川省成都市	郫都区唐昌镇	战旗村
	10	西南	四川省成都市	简阳市平武镇	尤安村
产业变革型	1	东北	辽宁省沈阳市	新民市大民屯镇	方巾牛村
	2	华北	天津市	蓟州区城关镇	西井峪村
	3	华东	山东省菏泽市	曹县大集镇	孙庄村
	4	华东	山东省菏泽市	曹县大集镇	丁楼村
	5	华东	浙江省杭州市	临安区昌化镇	白牛村
	6	华东	江苏省苏州市	昆山市巴城镇	绰墩山村
	7	华东	江苏省苏州市	昆山市张浦镇	金华村
	8	华中	河南省许昌市	建安区灵井镇	霍庄村
	9	西南	四川省成都市	郫都区友爱镇	农科村
	10	西南	四川省成都市	蒲江县甘溪镇	明月村
休旅介入型	1	华北	北京市	怀柔区渤海镇	北沟村
	2	华北	河北省保定市	涞水县三坡镇	苟各庄村
	3	华东	浙江省湖州市	德清县莫干山镇	劳岭村
	4	华东	江苏省苏州市	虎丘区通安镇	树山村
	5	华东	江苏省苏州市	吴中区越溪镇	旺山村
	6	华东	江苏省溧阳市	上兴镇	牛马塘村
	7	华东	江苏省溧阳市	溧城街道	礼诗圩村
	8	华东	浙江省湖州市	安吉县递铺街道	鲁家村
	9	华东	江苏省南京市	浦口区	大埝村
	10	西南	四川省成都市	崇州市道明镇	龙黄村

3.3.2 农业升级型聚落

(1) 生态空间格局稳定，适当整合

在国家政策要求与农业升级型村庄发展需求下，与生产、生态空间变化的多样性相比，生态空间对于整体村庄国土空间格局变化的约束是相对稳定的。生态红线的提出与划定，是从根本上维护国家生态安全需要的重要制度，虽然每个村生态红线区域规模可能不同，但只有保护村庄的生态空间，维护生态本底，保证生态系统的完整性，才能理顺空间保护与发展的关系，实现国土空间布局优化。

农业升级型村庄所在的传统农区大多以重视农业生产为主。有研究表明，该类型村庄范围内整体生态空间数量在减少，但湿地、森林生态系统保留率均超过90%，整体规模变化不大，组成结构相对稳定（费建波等，2020）。基于典型示范案例村庄的生态空间重构前后对比结果，可以看出农业升级型村庄生态空间格局总体上也确实是相对稳定的状态，局部适度规整整合。

在分布上，农业升级型村庄生态空间大多主要分布在整体村庄的外围圈层，或少量分布在生产与生活空间之间，一定程度上能够形成自然屏障或形成生态廊道，既能为生产空间提供涵养、灌溉、蓄水、水土保持等生态服务功能，又能集聚形成生态斑块，形成小片林地美化村庄环境。

在规模上，农业升级型村庄生态空间为了提供更多规整的生产空间，生态空间在控制湿地、生态林地、水库、湖泊水面等重要生态空间规模不变的前提下，适当整合，整体规模可依据需求选择性增减，但总体上生态空间规模转出率不能高于25%，还是以少量增加规模为主，平均生态空间土地净转化率为0.50%。而具体与其他空间的转化情况，农业升级型村庄生态空间主要与生产空间之间发生转化，转出率、转入率明显大于生活空间的转出率、转入率。村庄生态空间向生产空间的平均转出率为13.67%，最高转出率达到67.72%，最大化为农业规模化生产提供用地。同时也依靠生产空间转入，维持生态空间总体规模，实现国土空间中生产与生态空间的平衡，生产空间向生态空间平均转入率为13.58%。具体的村庄生态空间重构对比详见表3-3和图3-7。

表 3-3　农业升级型典型示范案例村庄生态空间重构转化数据统计

村庄	生态空间土地转化规模/hm²	生态空间土地净转化率/%	生态空间具体转出率/%		生态空间具体转入率/%	
			生产空间	生活空间	生产空间	生活空间
林桥村	-50.37	-25.31	27.18	0.01	1.85	0.09
白村	0.31	1.38	4.27	0.41	2.17	2.68
阳山畈村	2.28	2.24	11.06	0	13.32	0.03
战旗村	1.50	7.74	5.46	0.99	14.23	0.55
里睦村	-1.07	-2.65	0.00	2.63	13.30	0.17
平园池村	-2.34	-9.68	1.77	2.56	11.37	0.49

续表

村庄	生态空间土地转化规模/hm²	生态空间土地净转化率/%	生态空间具体转出率/%		生态空间具体转入率/%	
			生产空间	生活空间	生产空间	生活空间
陈邑村	50.22	44.63	0	0	46.35	0.29
北联村	−1.18	−0.64	0.14	0	0.72	0
客寮村	−33.18	−15.65	67.72	1.04	0	0
尤安村	4.40	2.90	19.07	0.70	32.51	0.14
平均值	—	0.50	13.67	0.83	13.58	0.44

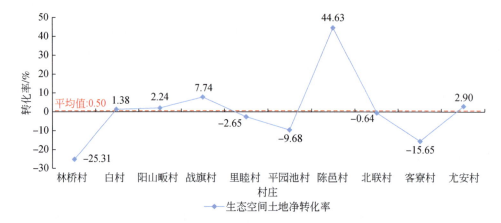

图3-7　农业升级型典型案例重构生态空间土地净转化率对比

以成都唐昌镇战旗村为例，未重构前在成都平原上战旗村属于典型的川西林盘①式聚落布局模式，生态空间与生活空间有机融合，在耕地中散布布局。而在农业现代化背景下，规模农业需要耕地集约规整，散布的聚落并不能满足农业升级发展，因此战旗村选择聚落重构，重新优化村庄空间布局。对比村庄空间重构前后，单看村庄内的生态空间变化，可以看出战旗村在保证北部河流空间不减少的前提下，整体村庄生态空间规模并未大量减少，反而由原来零碎的分布状态变得集中成片，主要分布在村庄外围（图3-8）。

（2）生产空间集约升级，适度规模

村庄产业发展与布局是实现乡村振兴与农民脱贫的基本要求，村庄产业规划也因此成为传统村庄规划的内容之一，但我国乡村地区涉及的土地类型、权属及相关管理等较城镇地区更为复杂（郭伟鹏和黄晓芳，2020）。与村庄产业相关的土地又以非建设用地为主，用地条件各有差异又难以统计了解。用地以农业部门牵头管理，但具体生产经营基本落在不同的村民手里。因此村庄规划中产业部分往往会出现因用地难以落实而变得偏于形式，实施无法得到保障。

---

① 川西林盘指成都平原及丘陵地区农家院落和周边高大乔木、竹林、河流及外围耕地等自然环境有机融合，形成的农村居住环境形态。

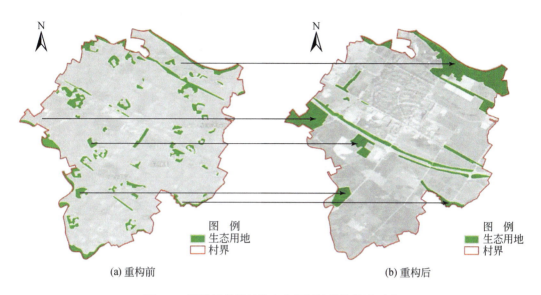

(a) 重构前　　　　　　　　　　　　(b) 重构后

图 3-8　唐昌镇战旗村生态空间用地重构前后对比

　　农业升级型村庄是国家守住 18 亿亩耕地红线，稳定粮食生产的重要区域，因而生产空间是农业升级型村庄核心关注的重点，也是新时期国土空间背景下重要的非集中建设区所在地。农村生产空间所包含的农用地和其他生产用地类型较多，包括耕地、园地、养殖水面等，因此，将村庄内的生产空间用地分为规模生产用地与其他生产用地，更适配村庄农业差异化的发展重心与导向。基于典型示范案例村庄的生产空间重构前后对比结果，可以看出大部分的村庄都是将破碎的生产用地进行集约升级，低效生产用地和部分生态用地退让转化，进而适度形成规模化、成片的主导生产用地。

　　在分布上，农业升级型村庄生产空间主要通过用地间的转化，保证村庄规模生产用地集聚布局，用地升级。而保留下来的其他生产用地则主要布局在村庄外围或聚落周边。同时村庄会依据自身农业的主导作物，调整不同生产用地的布局，形成适度规模生产片区，提高村庄产业收入来源。

　　在规模上，农业升级型村庄的生产空间整体规模大多是增加。规模生产用地在无多种产业发展以及生态恢复需求的前提下，基本都会大幅度扩张规模，平均净转化率会达到 10.01%，甚至少部分村庄会出现成倍增长。但同时该类型村庄规模生产用地也存在因特殊情况规模需要缩减，净转化率一般不高于 25%。而具体与其他空间的转化情况，农业升级型村庄规模生产用地主要依靠其他生产用地转入来增加规模，平均转入率为 10.50%，从数据统计上很好地说明农业升级型生产空间主要是对生产用地整体的集约升级。同时规模生产用地也严格控制其转出，转化为其他用地（其他生产用地、生态空间用地、生活空间用地）的平均转出率基本在 1% 左右，最高规模生产用地转出率不高于 3.50%，也很好地契合了该类型村庄对于耕地的保护与升级，以及粮食生产的重视。具体的村庄生产空间重构对比详见表 3-4 和图 3-9。

表3-4 农业升级型典型示范案例村庄生产空间重构转化数据统计

村庄	规模生产用地转化规模/hm²	规模生产用地净转化率/%	规模生产用地具体转出率/%			规模生产用地具体转入率/%		
			其他生产用地	生态空间用地	生活空间用地	其他生产用地	生态空间用地	生活空间用地
林桥村	140.95	14.56	0.10	0.15	0.01	7.23	5.58	1.70
白村	19.27	6.68	1.46	0.02	3.06	8.72	0.31	1.63
阳山畈村	43.88	115.01	0	0.40	0	69.44	29.84	1.21
战旗村	−32.93	−24.47	0.54	1.88	0.96	2.22	0.77	0.36
里睦村	−17.12	−8.19	0.30	2.31	0.48	0.94	0	2.56
平园池村	−8.69	−3.22	3.22	0.88	0.63	0.30	0	2.64
陈邑村	54.56	10.35	1.35	3.26	0.04	13.36	0	1.26
北联村	−73.85	−15.33	1.07	0.27	2.29	0.01	0	1.65
客寮村	25.45	9.53	0.07	0	1.54	1.21	9.63	0.51
尤安村	−29.86	−4.83	0	1.60	2.89	1.56	1.05	1.10
平均值	—	10.01	0.81	1.08	1.19	10.50	4.72	1.46

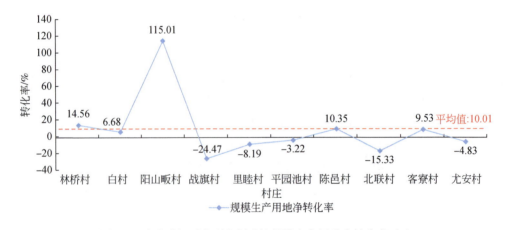

图3-9 农业升级型典型案例重构规模生产用地净转化率对比

具体产业空间引导是基于对村庄生产空间重构过程分析，综合考虑时令、地形等因素，将主导作物的生产用地适度规模化，促使生产用地平整、集中连片；配合现代农业生产和经营方式，完善农田生产配套设施，加强农产品的技术推广体系与市场流通服务体系，完善生产用地周边的道路交通设施；同时优化与维护耕地土壤质量，使得耕地土壤肥沃、生态良好并具有较高抗灾能力。由此生产用地将升级成为高标准农田，实现高效生产的同时，也可划入我国永久基本农田储备区，有效保障了村庄的耕地保护工作的落实。

以成都唐昌镇战旗村为例，通过遥感影像可以明显看出，未重构前战旗村的生产空间虽然看起比较规整，但基本是以多个约20m×60m为一个耕地斑块单元组成的，斑块过多且权属复杂，同时还在生产空间中穿插着川西林盘式的生活空间，根本无法实现统一管理，且难以投入生产机械进行规模化生产。重构后，战旗村首先通过土地流转，将权属复杂的各农田对外租售，统一管理与生产种植。村庄生产空间也因此变得更加规整，实现了耕地集约化、规模化布局。新建的村庄聚落南侧和东侧通过对农用地的整治，形成由几条村级道路划分的大致11片更为规整、完整的生产空间片区，现代化的生产机械也能依托道路顺利到达进行下地作业（图3-10）。

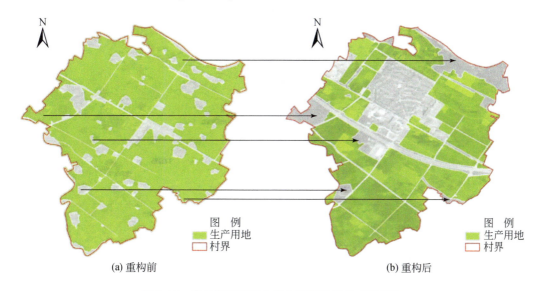

(a) 重构前   (b) 重构后

图3-10 唐昌镇战旗村生产空间用地重构前后对比

（3）生活空间节点集聚，格局简化

对于农业升级型村庄来说，重构前的村庄聚落面临着环境差、设施少、空心化严重等问题，整体村庄聚落空间格局又大多是零碎化的。因此在面对当下"一户一宅"新的农村宅基地政策下和缩小城乡差距的要求下，村庄的生活空间将以集中式或适度集中式布局为优化目标，积极推进乡村聚落空间重构，优化农村建设用地结构布局，从而提升农村建设用地使用效益和集约化水平（曹靖，2020）。

基于典型示范案例村庄的生活空间重构前后对比结果，可以看出农业升级型村庄生活（聚落）空间总体上会择优选择规模相对成熟、区位条件较好的聚落节点集聚扩张，同时兼并周边处于收缩状态的小规模、分散化聚落，简化村庄聚落格局。

在分布上，农业升级型村庄由于生产空间呈现集聚化、规模化的重构特征，让该类村庄的聚落不再受到耕地种植半径的影响，布局上转而开始重视村民生活的便捷性。因此，村庄生活空间重构后，基本会在村庄主要道路两侧集中分布村庄的生活空间，享受着主要道路对村庄聚落的功能性服务。

在规模上，农业升级型村庄会根据村庄发展需求、村庄人口流动情况和原本村庄生活空间规模，调整村庄重构后生活空间规模增减，因此可以看到这些村庄生活空间的净转化率都是在一个增减区间内的"极值"，而平均生活空间净转化率仅为2.25%。其中，少量因需求生活空间规模有所增加的村庄，净转化率一般也不会高于18%。而具体与其他空间的转化情况，农业升级型村庄生活空间主要与生产空间进行相互的土地转化，向生产空间的平均转化率为13.22%，可见该类型村庄收缩多余的生活空间用地或者小型聚落，优先复垦为耕地满足农业生产的需求，且保留规模较大、建设较成熟的聚落，整体简化聚落空间格局。而与生态空间之间的转出量与转入量则相对减少，且基本平衡，平均转出率与平均转入率分别为0.30%、0.67%。可见该类型村庄对于生活空间周边的生态空间用地仅进行微调整，同时利用低效的生活空间用地转化为生态空间用地，优化村庄聚落整体的人居环境。而对于较为特殊的生态空间，则甚至会出现部分村庄生活空间与生态空间之间不转化的情况。具体的村庄生活空间重构对比详见表3-5和图3-11。

表3-5 农业升级型典型示范案例村庄生活空间重构转化数据统计

村庄	生活空间土地转化规模/hm²	生活空间土地净转化率/%	生活空间具体转出率/%		生活空间具体转入率/%	
			生产空间	生态空间	生产空间	生态空间
林桥村	−16.62	−17.59	19.90	0.18	2.51	0.02
白村	26.69	15.03	10.96	1.05	38.00	0.16
阳山畈村	−0.09	−0.65	3.40	0.22	3.18	0.00
战旗村	6.37	1.06	3.10	0.65	9.79	1.16
里睦村	4.76	8.52	9.67	0.12	2.48	1.89
平园池村	−13.24	−16.71	25.16	0.15	4.80	0.78
陈邑村	7.91	14.95	13.10	0.61	13.20	0
北联村	−10.96	−13.68	23.37	0	14.64	0
客寮村	3.04	17.62	15.44	0	24.20	2.42
尤安村	11.73	13.96	8.07	0.06	21.80	0.28
平均值	—	2.25	13.22	0.30	13.46	0.67

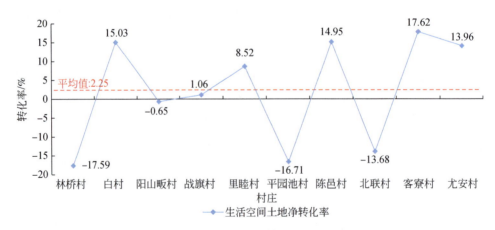

图3-11 农业升级型典型案例重构规模生活空间土地净转化率对比

以成都唐昌镇战旗村为例，通过遥感影像可以明显看出，未重构前战旗村的生活空间呈现出独具特色的川西林盘式聚落布局模式，每个林盘内都有十几户人家，具有一定规模，但仍然是一种较为分散的聚居模式，土地利用不够集约。重构后，战旗村在政策引导下，战旗村原先近 35 个村庄居民点，现整合为一个占地约 16hm² 的集中式新农村社区，简化村庄内部聚落格局。总村庄建设用地约 170hm²，其中建设用地中村庄居住用地仅占 30%，有充足的集中建设用地用于发展乡村产业，为现代农业拓展产业链、构建围绕农业的现代产业体系提供用地基础。在空间重构的过程中，战旗村集中式农村社区内配置了卫生所、老年活动中心等多项公共服务设施，村庄公共服务设施用地约 5.92hm²，占村庄建设用地 3.42%，同时还布局有公共活动空间，极大地提高了村民生活品质（图 3-12）。

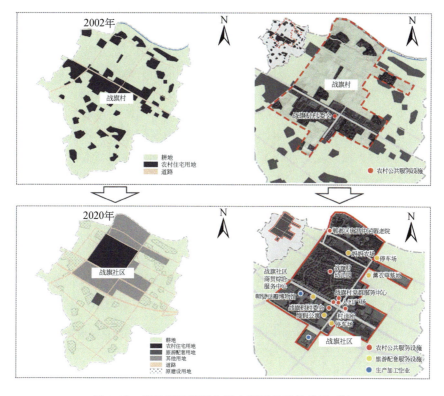

图 3-12　唐昌镇战旗村生活空间用地重构前后对比

3.3.3　产业变革型聚落

（1）生态空间内化转移，景居融合

对于产业变革型乡村而言，乡村多为平原形态并沿着交通干道组团方式扩张，因此生态空间相对较少，部分乡村甚至无山体、水系等生态要素。此类型乡村的"生态空间"内化转移至聚落内部，以及生活空间融合形成宅边绿地景观等。按照传统用地类型方式区分生产空间、生活空间以及生态空间，部分乡村甚至不存在生态空间这一类型。例如，方巾牛村、孙庄村、丁楼村等乡村，乡村内部无传统定义上的生态空间，乡村生态功能和生活功能混合。可见产业变革乡村倾向于农业生产、居民生活，部分乡村甚至不存在传统意义

上的生态空间，但也需提升村庄生产生活品质。

发展商贸流通型乡村，由于耕地受到严格控制，生产空间的快速延伸往往会占据聚落内部的绿地景观，同时生产生活功能混合容易导致环境污染，物流运输产生的大量车流也容易影响原住民的生活品质，这阻碍了乡村人口的回流与扎根。规划中需要对一些小规模生态空间进行规整优化，使其逐渐成带状、面状空间，进而形成类似大地景观、入村景观等具有社会价值、经济价值的空间类型，促使价值转化不断发生。

（2）生产空间规模发展，区域分工

随着产业发展，乡村生产生活方式等皆发生较大变化。一般而言，产业发展驱使生产空间规模化布置，且有相互关联关系的用地形成功能集团，呈现区域分工现象。规模发展是指生产用地由小到大、由零散到集聚的过程。相比于传统零散小规模生产，生产空间规模化能充分利用土地资源，并将人力资源、物质资源集中，减少人力、设施浪费，从而降低成本、提高生产规模，进而提高市场占有率并获得更大利润。区域分工是指类似功能空间进行组织集聚，各个区域形成明显分工合作的现象。从生产角度看，乡村生产需要多个环节配合，如农产品种植、采摘、粗加工、精加工、包装配送等，不同生产环节需要不同类型的空间形式支撑，故涉及生产环节有前后承接关系的用地类型常常关联性布置。

在分布上，产业变革型乡村的生产空间常常邻近交通干道布置，同时靠近生产资料基地以充分利用交通区位优势以及资源环境条件。随着生产用地的规模化集聚，一方面趋于破碎化的农用地向规模化调整，另一方面高附加值的非农产业快速发展。农产品加工活动逐渐迁移至集中性加工厂，并通过机械化、自动化生产扩大产品数量和提升产品质量，进而形成乡村"一村一品"的关键品牌。

在规模上，产业变革型村庄的生产空间总体规模大多增加，其中非农生产空间增加更为显著，农业生产空间普遍下降。如表3-6和图3-13所示，典型示范案例村庄的农业生产

表 3-6　产业变革型典型示范案例村庄生产空间重构转化数据统计

村庄	重构后农业生产空间占比/%	农业生产空间转化规模/hm²	农业生产空间转化率/%	重构后非农生产空间占比/%	非农生产空间转化规模/hm²	非农生产空间转化率/%
方巾牛村	66.84	5.76	14.05	12.13	3.76	9.18
西井峪村	34.10	-0.21	-1.65	2.10	0.18	1.40
孙庄村	68.70	-3.19	-6.65	5.78	2.01	4.18
丁楼村	71.14	-1.44	-7.28	3.57	0.49	2.48
白牛村	64.70	-1.65	-5.16	11.40	1.10	3.45
绰墩山村	30.37	-0.23	-4.08	0	0	0
金华村	39.18	-0.30	-1.59	0	-0.35	-1.83
霍庄村	62.40	-1.49	-9.53	6.23	0.79	5.06
农科村	16.86	0.15	5.06	0	0	0
明月村	24.80	-0.52	-2.41	5.14	0.28	1.30
平均值	—	—	-1.92	—	—	2.52

空间转化率平均值为−1.92%，非农生产空间转化率平均值为2.52%。从数据统计中可以明显看出，在产业变革过程中，非农生产空间明显提高，案例中非农生产空间占比由重构前的2.11%提升至4.64%。因此规划时需要适当增加非农生产空间规模，并引导规模集聚发展。

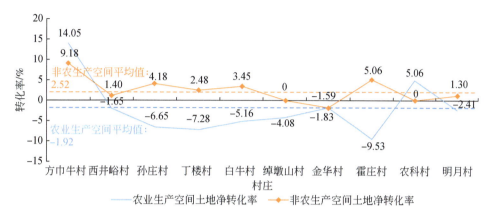

图3-13 产业变革型典型案例重构生产空间土地净转化率对比

因此对于产业变革型乡村的生产空间规划引导，应结合乡村生产模式，留足生产空间，在生产空间效用最大化的前提下，区域内进行专业化分工、协同化生产，并充分利用可共享的资源，非农生产空间在不同重构动力的影响下集约扩张。同时将较为破碎化的农用地置换腾挪，引导农用地的集中布局。

以成都蒲江县明月村为例，明月村充分利用当地茶叶和雷竹等农产品进行加工。如图3-14所示，生产空间邻近道路布置，且仓储转运空间和生产加工空间集中布局，形成一定区域的分工合作，加快生产效率。

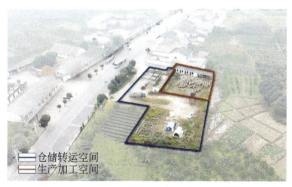

图3-14 明月村"生产-仓储-转运空间"区域分工示意

(3) 生活空间组团拓展，产居联动

产业变革型乡村的生活空间常呈现组团拓展，产居联动的重构趋势。较之单纯发展第一产业的乡村，产业变革型乡村由"农业"生产逐渐转变为"农业+非农生产"方式，村

民日常生活和非农生产活动往往相互影响，或空间分离出现"摆钟状"生活轨迹，或空间融合呈现生产生活活动重合的生活状态。

在分布上，产业变革型村庄由于生产方式的多样性，生产空间规模化发展，因此生活空间也相应地组团拓展，散居的住宅不断拆并置换至集中居民点，且沿着道路、景观资源较好的位置布局。

在规模上，在产业变革的驱动下，人力要素逐渐从城镇到乡村、外村到本村小规模转移，新增的就业人口需要更多的生活空间。因此部分小规模聚落居民点逐渐被拆并，且被转移集聚到新的生活空间，或依附于较大型村落或形成新的农村社区。如表 3-7 和图 3-15 所示，除方巾牛村生活空间显著下降外，案例中其他村庄的生活空间都略微上升，普遍在 2%~3%。方巾牛村于 2010 年 10 月开展房屋拆迁置换工作，村民用原有房屋和宅基地按标准折价置换新楼，将原有宅基地整理出来复垦复耕，故生活空间占比反而快速下降。

表 3-7　产业变革型典型示范案例村庄生活空间重构转化数据统计

村庄	重构后生活空间占比/%	生活空间土地转化规模/hm²	重构前后生活空间土地净转化率/%
方巾牛村	15.94	−11.08	−27.02
西井峪村	19.40	0.14	1.12
孙庄村	20.66	1.53	3.19
丁楼村	22.85	0.91	4.61
白牛村	18.70	1.10	3.45
绰墩山村	42.85	0.02	0.41
金华村	8.85	0.20	1.06
霍庄村	23.40	0.60	3.84
农科村	18.60	0.15	5.19
明月村	13.41	0.52	2.45
平均值	20.47	—	−0.17

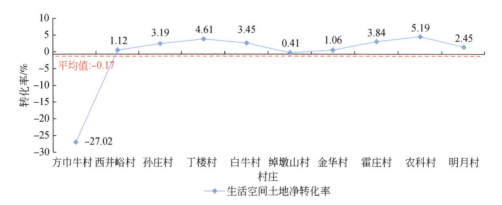

图 3-15　产业变革型典型案例重构生活空间土地净转化率对比

以明月村为例，该村于 2013 年芦山地震后开始重建，在村民安置基础上引入产业而设置的文创产业园区,以陶艺文化为核心,开辟了"居住+服务+文化"的空间聚合。2015 年成立成都明月乡村旅游专业合作社,5 年里引进了 40 多个文创项目,重点发展茶叶和雷竹农产品、陶艺手工制造业以及文旅产业。明月村在农业用地规模化、高标准建设的同时,非农生产的建设空间的组团式聚集发展,从而达到生产生活相互联动。由于农产品加工业、手工业与村民日常生活息息相关,生产生活空间出现"摆钟状"生活轨迹,或空间融合呈现重合的生活状态(图 3-16)。

图 3-16 明月村重构前后的生活生产空间组团示意

由于乡村产业迅速发展,原本外流人口回归乡村,传统农业生产方式逐渐退居二线,服务业、加工业兴起,如图 3-17 所示,丁楼村和孙庄村于 2012 年的产业发展为农产业+

小规模加工业，到2017年服务业配套和自建厂房、仓库形成两条"十字"交叉的街道，原聚居点逐渐容纳生产功能形成家庭作坊。不仅如此，当地大学生也逐渐回归家乡、建设家乡。

图3-17　丁楼村乡村空间变化分析

3.3.4　休旅介入型聚落

（1）生态空间保护发展，奠定基础

从典型案例的发展经验来看，聚落生态空间普遍增加（表3-8），生态空间增加量少则1~3hm^2，主要对一些裸地进行生态优化，而多则达到了29.02hm^2，在劳岭村通过用地整理退耕还林，优化聚落整体生态环境。在重构中，生态空间规模变化和向其他用地转化流出情况在三生空间中均较轻微，表明其不易转化，部分由于特色产业发展和建设需求的用地转化也会有相应的补偿机制，呈现保护导向强、不易转变的特征。村镇聚落生态空间是乡村空间的本底，其兼具生态涵养能力和景观服务能力，且对于部分乡村，尤其是生态休闲型村镇聚落来说，占据了村镇聚落空间的主体，在劳岭村、北沟村等几个典型山地聚落中占比达到了60%以上（图3-18），是大量乡村，尤其是地处山地丘陵的乡村极为重要的旅游资源，在近年来生态优化的政策导向与休旅介入型乡村发展本底资源优化的需求下，生态空间是需要保护、修复、复合利用的首要对象，保证聚落的生态规模，为可持续绿色发展奠定基础（林伊琳等，2021）。

表3-8 休旅介入型村庄生态空间转化情况

村庄	生态空间净转化量/hm²	生态空间净转化率/%	生态空间流出量占比/%		
			生态-规模生产	生态-其他生产	生态-生活
劳岭村	29.02	6.89	0	5.53	7.34
北沟村	1.81	0.62	0	0	14.07
树山村	6.71	2.51	0	23.83	0
旺山村	9.59	3.15	0	6.61	0
牛马塘村	18.85	64.89	1.12	4.09	0
礼诗圩村	0.85	5.17	0	0	0
鲁家村	11.23	1.02	1.35	22.52	3.84
龙黄村	8.81	6.25	0	10.99	4.92
苟各庄村	16.95	2.65	0	6.41	12.86
大埝村	26.64	12.61	0.97	0	0

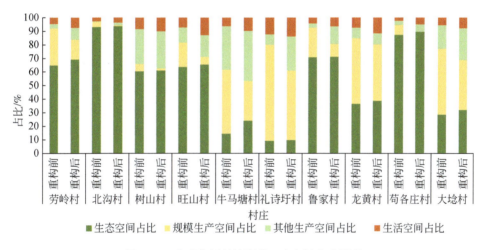

图3-18 典型案例村镇聚落三生空间占比情况

在生态空间分布上，案例乡村在优化发展过程中，整体体现了整合化的趋势。生态空间在优化发展过程中，道路等既有分隔修复优化难度更大，往往乡村优先通过退耕还林和生态修复等手段，调整补偿零碎生态斑块，同时恢复大量生态斑块内部生产价值不高的斑块，使得生态空间实现连续性和整体化加强，优化聚落整体生态环境，提升生态价值与景观价值。

以劳岭村为例（图3-19），其为典型的山地聚落，重构前生态空间占比大，但内部有大量零碎生产空间，在重构优化中对零碎用地进行整理，使得生态空间实现连续性和整体化加强，同时在上位规划《多彩德清·森林彩化规划》《德清县彩色健康森林示范县实施方案》等引导下，开展珍贵彩色森林示范林建设，优化聚落整体生态环境，提升生态价值与景观价值，形成主题突出、特色鲜明的森林生态景观。

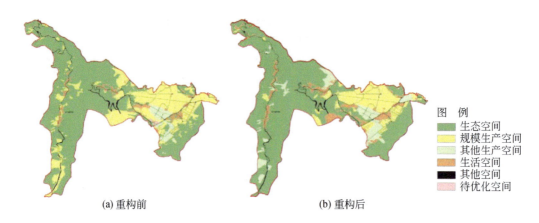

(a) 重构前   (b) 重构后

图 3-19 劳岭村重构前后空间特征

（2）生产空间转化整合，旅游融合

从典型案例数据来看，生产空间整体变化量较大，发生较大规模缩减，尤其体现在规模生产空间的耕地，整体流出量基本占据三生空间流出量的50%以上，其中9个案例规模生产空间流出量超过50%（表3-9），耕地是向建设用地转化的主要类型。同时果园等其他生产空间呈现了增长趋势，并有5个乡村呈现倍数增长，表明生产空间出现了园林化调整倾向。整体来看，生产空间中农用地向生态生活空间的转化都非常灵活，保障聚落生态优化、生产特色化和旅游建设的需求。一方面由于休旅介入型聚落大多不具备规模生产条件，地形受限，生产空间提供的农产品资源的价值相对较低，而对服务设施建设和生态保护利用的需求优先级更高，所以调整动作较大，农用地向着生活空间建设用地和生态补偿空间转化，并向着景观化发展，稻田景观、油菜花海等发展；另一方面基于园地等空间提

表 3-9 休旅介入型村庄生产空间转化情况

村庄	规模生产空间净转化量/hm²	其他生产空间净转化量/hm²	规模生产空间净转化率/%	其他生产空间净转化率/%	生产空间流出量占比/%					
					规模生产-生态	规模生产-生活	规模生产-其他生产	其他生产-生态	其他生产-生活	其他生产-规模生产
劳岭村	-81.62	34.09	-46.42	156.69	42.22	11.56	31.25	0.18	0	1.87
北沟村	-9.89	5.43	-83.30	854.21	8.00	28.49	57.13	3.70	2.02	0
树山村	-18.51	11.30	-72.80	10.15	0	3.53	36.69	22.32	13.63	0
旺山村	-57.97	23.57	-67.76	44.55	6.78	22.98	42.03	9.44	8.20	3.96
牛马塘村	-34.78	9.24	-37.83	14.64	18.13	5.66	40.27	13.47	4.01	13.51
礼诗圩村	-34.35	30.43	-27.87	227.44	0	8.24	86.70	2.29	0	2.78
鲁家村	-192.21	151.27	-56.85	332.08	28.70	8.11	32.27	0.03	1.00	2.18
龙黄村	-26.51	2.70	-14.25	9.45	2.31	22.84	26.45	30.76	1.43	0.30
苟各庄村	-54.91	20.89	-100.0	110.72	42.28	16.13	25.09	0	0	0
大埝村	-82.72	45.33	-23.16	35.71	14.19	13.06	55.94	5.48	1.27	9.10

供的旅游资源的丰富性和特色性，大量的花田、特色果园、茶园、经济林地等兼具景观性、体验性和独特性的特色田园空间出现。因此，三类型中依托特色生产资源的特色田园型聚落生产空间呈现农用地占比较高，以园地为主的其他生产空间扩张明显，以及生产空间大量内部转化的特征。

在空间分布上，案例乡村生产空间整合化趋势明显，整合化趋势普遍比生态更强。在发展过程中，大量乡村开展用地的置换、产业的整合，将原有的零碎化耕地、园地、生态空间根据土地评价和发展需求进行整理置换，形成产业片区，配以特色产业，实现农业生产规模化、特色化。

以鲁家村为例，在此原有基础上整合乡村聚落生产空间资源、农业产业资源，将零碎耕地整合优化生态环境，同时合理向特色园地转化，形成规模化特色农业区，同时依托特色产业形成十余个主题农业体验区，分片布局，每个片区的生产空间均被复合利用，设有独立的核心旅游点，如葡萄农场等独立运营的体验单元，使得生产空间旅游融合发展（图 3-20）。

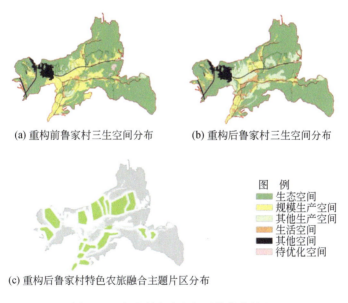

(a) 重构前鲁家村三生空间分布　　(b) 重构后鲁家村三生空间分布

图　例
生态空间
规模生产空间
其他生产空间
生活空间
其他空间
待优化空间

(c) 重构后鲁家村特色农旅融合主题片区分布

图 3-20　鲁家村生产空间重构优化情况

（3）生活空间集聚扩张，旅游服务

整体来看，休旅介入型聚落生活空间呈现明显扩张发展的趋势，表明所有案例村镇聚落建设用地规模均在扩张，但扩张量大多小于 20hm^2，净转化率大多小于 65%（表 3-10）。生活空间的建设用地是村镇聚落生活和旅游发展的重要服务载体空间，需要扩张发展保障生产生活需求，承载旅游服务。一方面，在原始建设用地紧张的情况下，优化居民生活品质需要一定的扩张；另一方面，因人口回流，以及服务、设施等需求需要，除了复合利用的现状空间外，必要的、独立的旅游产业用地需求增多，如苟各庄村 2008 年人均建设用地约 78m^2，无法满足发展的需求（席建超等，2016），新增旅游产业用地增长较多，扩张较为明显，生活空间净转化率达到了 89.45%。同时数据表明，生活空间基本不向其他类

型空间用地转化，更多在内部进行调整。一方面已建居住空间的重构成本相对较大；另一方面除了极为零散建设用地整合之外，实行居民点迁并多是为了进行合理旅游开发建设，多将原有建设用地再次高效利用起来，并没有发生向生产生态空间的转化，如大埝村的村口核心旅游区即将部分居民迁并至集中居民点，新建村域核心旅游服务设施。

表 3-10　休旅介入型村庄生活空间转化情况

村名	重构后生活空间面积/hm²	重构前生活空间面积/hm²	生活空间净转化量/hm²	生活空间净转化率/%	生活空间流出量占比/%
劳岭村	48.28	29.77	18.51	62.20	0.04
北沟村	12.04	8.75	3.29	37.63	0
树山村	45.80	37.90	7.90	20.84	0
旺山村	62.12	34.93	27.19	77.85	0
牛马塘村	19.15	12.31	6.84	55.56	0
礼诗圩村	24.39	21.32	3.07	14.40	0
鲁家村	105.25	67.27	37.97	56.44	0
龙黄村	44.44	29.44	14.99	50.93	0
苟各庄村	36.13	19.07	17.06	89.45	0
大埝村	57.73	41.51	16.21	39.06	0

在空间分布上，生活空间明显集聚，以提升空间效率。观察典型案例发展的量化数据特征，重构前整体呈现出典型的传统乡村分散分布特点，随着村落优化发展，聚落整体呈现平均斑块面积增大（图 3-21），这表明村镇聚落斑块呈现集聚化发展趋势。我国乡村普遍存在分散特征，而新时代生活需求和产业发展都需要空间集约高效利用，因资源和产品的紧密关联，发展资源对旅游空间和设施的建设有极强的吸引力。一方面，区位交通资源带来客流，吸引旅游产业空间沿路向交通节点集聚；另一方面，核心旅游资源不断吸引其空间载体周边建设发展，呈现集聚发展，以提升资源利用率和空间效率。

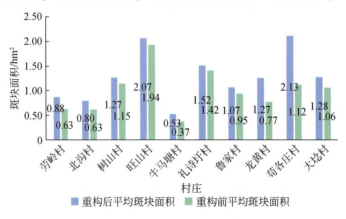

图 3-21　休旅介入型村庄生活空间斑块变化情况

以龙黄村为例，以竹艺文化资源、空间资源、交通区位资源都相对较好的 9 组、11 组、13 组聚落为核心聚落，聚落原始建设规模不足以满足发展需求，故在优化重构中合理扩张，增加商业服务用地，成为村域最大聚落，其他零碎聚落无明显集聚扩张，新建农村居民社区，村域形成核心集聚发展的空间结构（图 3-22）。

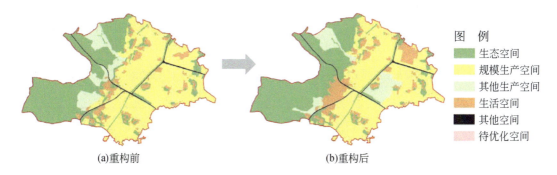

(a) 重构前　　　　　　　　　　　(b) 重构后

图 3-22　龙黄村生活空间重构情况

3.4　不同类型村镇聚落空间重构的阶段测度

3.4.1　阶段测度方法

构建聚落空间重构指数（settlement space reconstructing index，SSRI）来定量描述村镇聚落在社会、经济及空间层面的综合发展情况，该指数由每个村镇的重构指标进行标准化，并赋予权重，最后相加所得。重构指数大小在 0 ~ 1，值越趋近于 1，证明该村镇聚落处于越高的重构阶段。其计算公式为

$$SSRI = \sum_{i=1}^{n} w_i X_i$$

式中，SSRI 为乡村聚落空间重构指数；X_i 为指标标准化的值；W_i 为指标 i 的权重；n 为指标数量。

重构指标标准值获取：对于某一个重构指标，横向比较 10 个案例的相关数据，得出该重构指标的取值区间，并结合其理想值（相关规范），对该指标可能的取值进行评级划分。为了使重构指数的结果落在 0 ~ 1，分别赋予 0.2、0.4、0.6、0.8、1 五个分值。

村镇聚落空间重构测度指标体系具有复杂性、系统性与综合性特征，不同动力类型的重构特征及阶段划分不同，因此有必要分层次构建空间重构测度指标体系。本研究采用层次分析法（analytic hierarchy process，AHP），以政策规范、典型案例、相关文献作为依据（表 3-11），对农业升级型、产业变革型、休旅介入型村庄进行类型区分，按照"重构维度—目标导向—指标要素"三个层级逐级构建村镇聚落空间重构状态测度指标体系。

表 3-11   村镇聚落个体空间重构状态测度指标体系层次构建依据

构建依据类型	构建依据内容	构建依据意义
政策规范	国家相关政策及各省级、市级规划技术指南	作为归纳村镇聚落空间重构指标体系准则层的依据
典型案例	全国发展典型案例	作为归纳村镇聚落空间重构指标体系要素层的依据
相关文献	关于村镇聚落空间重构、村镇聚落空间演变的参考文献	作为确定村镇聚落空间重构指标体系指标层的依据

（1）明确重构维度

指标体系的最上层是对村镇聚落个体空间重构状态的综合评价维度。具体而言，农业升级型村庄重构维度分为农业发展、用地集约以及设施便捷三个维度，产业变革型村庄重构维度分为产业结构、设施适配、用地效益三个维度，休旅介入型村庄重构维度分为旅游产业、空间布局、设施配置、生态环境四个维度。

（2）归纳目标导向

不同类型的村镇聚落空间重构的动力机制虽存在差异，但政府宏观调控是其共同驱动力。因此，本研究基于国家相关政策及各省级、市级规划技术指南等，同时结合典型案例重构规律的分析，归纳得到目标导向（表 3-12）。

表 3-12   村镇聚落个体空间重构状态测度指标体系层次构建依据

基于重构动力划分的村庄类型	重构维度	目标导向
农业升级型村庄	农业发展	①农业产出效益、农业有序组织、农业生产效率；②生活空间有效利用、生活空间集聚程度；③农业基础设施、生活生产基础设施
	用地集约	
	设施便捷	
产业变革型村庄	产业结构	①产业生产效益、产业结构优化；②生活性设施、生产性服务设施；③用地高效化、生产用地规模化
	设施适配	
	用地效益	
休旅介入型村庄	旅游产业	①产业结构、业态类型、资源开发；②土地利用、组团布局；③公共服务、旅游服务；④生态空间
	空间布局	
	设施配置	
	生态环境	

（3）确定指标要素

通过对政策解读与规律总结所提炼的空间要素进行归纳整合，结合重构维度、目标导向对不同动力类型提出具体指标要素。其中农业升级型村庄通过农民人均纯收入、规模生产用地占比、耕地复杂度反映农业发展水平，人均宅基地面积、聚落复杂度、聚落空间邻近度反映用地集约水平，农业生产加工用地占比、耕地交通便利度反映设施便捷水平。产业变革型村庄通过农民人均纯收入、第二和第三产业占比、业态复杂度反映产业结构状态，设施完备度、设施辐射度、路网密度反映设施适配状态，用地混合度、非农生产用地规模度反映用地效益水平。休旅介入型村庄通过农民人均纯收入、旅游业态种类、景观资源开发率、旅游点密度反映旅游产业水平，人均建设用地面积、建设用地分离度指数反映空间布局水平，公共服务设施完备度、旅游服务设施完备度反映设施配置水平，森林覆盖率反映生态环境水平，最终构建起村镇聚落空间重构测度指标体系。

（4）指标因子权重确定

使用 Yaahp 软件，通过专家评价法和层次分析法对各项重构指标进行一对一比较并评判其相对权重，最终获得各项指标的层级和权重。

（5）数据获取与赋值标准

案例指标数据获取。针对村镇聚落空间重构状态测度指标体系中的指标要素，对案例数据进行搜集与整理。数据来源主要包括卫星遥感影像数据、高德地图关注点（point of interest，POI）数据、政府网站统计数据、权威新闻报道以及相关参考文献与书籍资料等，通过定量测度与定性判断两种方式获取。基于数据真实性与完整性原则，对筛选出的 10 个典型案例进行评价。

指标赋值标准制定。测度体系的最终目标是为村镇聚落空间优化提供合理的参考依据与发展引导，经研究认为，本次选取的典型案例虽已达到较高水平，但现状仍存在不足，有待进一步提升。因此根据指标情况，可将其数据平均值统计结果作为良好水平的赋值参考，同时借鉴相关规范标准与参考文献、书籍资料中的指标参考值进行综合比较分析，为各项指标设定合理的参考阈值，并据此制定赋值标准。

3.4.2 农业升级型聚落

（1）指标体系建构

在构成农业升级型乡村重构阶段判别的指标体系过程中，从农业发展、用地集约、设施便捷三个维度衡量农业升级的阶段。如表 3-13 所示，农业升级型村镇重构指标体系包含三个维度、8 个具体指标，并在表 3-13 中详细解释了指标层的内涵。同时通过层次分析法对各项指标的层级进行一一评判，确定各指标的权重。

（2）重构指数计算

基于典型案例库，分别获取重构指标所对应的数据，其中各类社会经济基础数据主要通过统计年鉴、网络报道、村志、学术论文、规划文本等获得，而其余土地、空间层面数据及指标计算，则主要通过 BIGEMAP 平台用地解译，以及景观格局指数计算软件（Fragstats）计算而来，数据结果见表 3-14。

表 3-13　农业升级型村镇聚落重构指标体系

重构维度	目标导向	具体指标	权重	单位	指标解释
农业发展	农业产出效益	农民人均纯收入	0.1656	元	村镇居民收入的平均水平，反映村镇经济发展情况
农业发展	农业有序组织	规模生产用地占比	0.2628	%	村域范围内，规模经营耕地面积/耕地总面积，体现农业规模化、专业化程度
	农业生产效率	耕地复杂度	0.0522	—	耕地斑块形状（边界）的复杂程度，体现生产用地规模整治效果
用地集约	生活空间有效利用	人均宅基地面积	0.0513	m²	村域范围内，村庄住宅用地总面积/期末常住人口。主要对比相关参考各地规范指标，反映村庄建设用地利用情况
	生活空间集聚程度	聚落复杂度	0.2785	—	聚落斑块形状（边界）的复杂程度，体现生活用地集约整治效果
		聚落空间邻近度	0.0756	—	聚落斑块间布局的关联程度与毗邻状态，体现村庄居民点撤并整合情况
设施便捷	农业基础设施	农业生产加工用地占比	0.0190	%	村庄生产、仓储用地面积占总用地的比例
	生活生产基础设施	耕地交通便利度	0.0950	%	主要道路服务耕地的范围比例，反映村庄农业生产生活的交通可达性

表 3-14　农业升级型案例重构指标数据一览表

村庄	重构阶段判别指标							
	农民人均纯收入/元	规模生产用地占比/%	耕地复杂度	人均宅基地面积/(m²)	聚落复杂度	聚落空间邻近度	农业生产加工用地占比/%	耕地交通便利度/%
林桥村	26 000	86.47	14.02	181.08	18.11	34.32	0.02	64.50
白村	21 800	85.56	15.94	377.51	11.27	341.93	0.62	70.26
阳山畈村	28 000	86.98	12.19	147.18	6.63	115.83	0.10	68.42
战旗村	35 200	80.05	8.27	39.37	4.22	202.40	1.00	78.54
里睦村	39 000	86.49	19.28	209.76	21.62	58.74	0.92	83.14
平园池村	31 800	85.85	11.16	197.07	18.47	21.07	0.11	74.25
陈邑村	35 000	89.02	19.03	228.25	16.58	46.45	0.18	72.15
北联村	44 700	77.05	13.29	111.21	16.71	34.85	0.44	84.15
客寮村	21 000	96.14	14.88	87.61	6.84	29.56	0.11	61.40
尤安村	33 800	93.05	18.88	191.94	18.01	19.71	0.16	72.66

　　对案例库的 10 个农业升级型案例进行重构指数运算。参考前述评分标准，对照各案例的重构指标数值进行评级和加权运算，最终获取各项指标的标准值及 10 个典型案例的重构指数，见表 3-15。

表 3-15 农业升级型案例重构指标标准值一览表

村庄	重构指标标准值								
	农民人均纯收入	规模生产用地占比	耕地复杂度	人均宅基地面积	聚落复杂度	聚落空间邻近度	农业生产加工用地占比	耕地交通便利度	重构指数
林桥村	0.6	0.6	0.4	0.2	0.2	0.2	0.2	0.2	0.38
白村	0.4	0.6	0.4	0.2	0.6	1.0	0.8	0.6	0.57
阳山畈村	0.6	0.6	0.6	0.2	1.0	1.0	0.2	0.4	0.69
战旗村	1.0	0.4	0.8	1.0	1.0	1.0	1.0	1.0	0.81
里睦村	1.0	0.6	0.2	0.2	0.2	0.4	1.0	1.0	0.54
平园池村	0.8	0.6	0.6	0.2	0.2	0.2	0.2	0.6	0.46
陈邑村	1.0	0.6	0.2	0.2	0.2	0.4	0.2	0.6	0.49
北联村	1.0	0.2	0.2	0.4	0.2	0.2	0.6	1.0	0.45
客寮村	0.4	1.0	0.4	0.8	1.0	0.2	0.2	0.2	0.71
尤安村	0.8	0.8	0.2	0.2	0.2	0.2	0.2	0.6	0.50

总体来看，10 个案例村的重构指数存在较大的差异，最大值为 0.81（战旗村），最小值为 0.38（林桥村），将重构指数由低到高依次排序并绘制折线图（图 3-23），根据变化趋势与明显序列拐点，可将农业升级型村镇聚落空间重构划分为三个层次，即初级阶段、中级阶段与高级阶段。其中，初级阶段重构指数所在区间为 0 ~ 0.49，中级阶段重构指数所在区间为 0.49 ~ 0.57，高级阶段重构指数所在区间为 0.57 ~ 1。因此，林桥村、北联村、平园池村处于重构的初级阶段，陈邑村、尤安村、里睦村处于重构的中级阶段，而白村、阳山畈村、客寮村和战旗村则处于重构的高级阶段（表 3-16）。

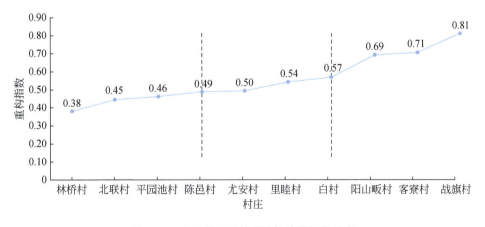

图 3-23 农业升级型村庄重构阶段划分示意

表3-16 农业升级型村庄重构阶段划分及特征图示一览表

重构阶段	村庄	重构指数	典型案例重构图示
初级阶段	林桥村	0.38	北联村重构前空间分布　　北联村重构后空间分布 图例 规模生产用地 其他生产用地 生态用地 生活用地 其他用地
初级阶段	北联村	0.45	
初级阶段	平园池村	0.46	
中级阶段	陈邑村	0.49	陈邑村重构前空间分布　　陈邑村重构后空间分布
中级阶段	尤安村	0.50	
中级阶段	里睦村	0.54	
高级阶段	白村	0.57	战旗村重构前空间分布　　战旗村重构后空间分布
高级阶段	阳山畈村	0.69	
高级阶段	客寮村	0.71	
高级阶段	战旗村	0.83	

（3）阶段特征分析

处于初级阶段的聚落空间特征如下：①人均宅基地面积超标，空置民居建筑过多；②居住建筑分散布置，居民点数量较多，无集中居民点；③公共服务设施的类型和数量都未达标准，市政基础设施完善率一般，且各设施多为独立分散布置在村域各个位置，周边未形成配套用地，覆盖率较低；④规模耕地占比较高，农田基本全部用于农业生产，农业人口占比达到100%，但还未形成农业产业园，第一产业的经济效率不高，村民可支配收入较低。

处于中级阶段的聚落空间特征如下：①个别居民点开始集聚，但与周边居民点的联系尚未建立，仍需进一步聚落重构；②人均宅基地面积在该阶段普遍有明显程度的减小，部分村的人均宅基地面积已经小于所在省、自治区、直辖市规定的宅基地标准面积；③公共服务设施数量显著增多，类型仍以满足基本需求为主，市政设施开始局部更新；④规模耕地占比的平均水平有小幅度增加，开始进行规模化的农业生产。

处于高级阶段的聚落空间特征如下：①村庄聚落基本重构完成，空置居民点被合并，集聚成数个功能配置齐全的居民点；②引入新类型的公共服务设施，提升服务品质。市政设施的更新覆盖整个村域；③人均宅基地面积的平均水平和中级阶段差异不明显，且部分村的人均宅基地面积小于所在省、自治区、直辖市规定的宅基地标准面积；④耕地在规模化的基础上提升土地质量、规范空间形态、集中连片、提升设施配备，形成高标准农田。

3.4.3 产业变革型聚落

（1）指标体系建构

在构成产业变革型乡村重构阶段判别的指标体系过程中，从产业结构、设施适配、用地效益三个维度衡量产业变革的阶段。如表 3-17 所示，产业变革型村镇重构指标体系包含三个维度、8 个具体指标，表 3-17 中详细解释了指标层的内涵。

表 3-17　产业变革型村镇聚落重构指标体系

重构维度	目标导向	具体指标	权重	单位	指标解释	赋值方式
产业结构	产业生产效益	农民人均纯收入	0.3125	元	村镇居民收入的平均水平，反映村镇经济发展情况	定量评价，等级赋值
	产业结构优化	第二和第三产业占比	0.1063	—	乡村第二和第三产业占比，反映产业结构优化程度	定量评价，等级赋值
		业态复杂度	0.0502	—	指乡村业态类型数量及复杂性，反映乡村业态	主观判定，等级赋值
设施适配	生活性设施	设施完备度	0.1137	%	指依据相应规范的设施数量完备程度	定量评价，等级赋值
	生产性服务设施	设施辐射度	0.1103	—	指以设施点为中心辐射一定距离所能辐射到的生活生产用地，反映设施的服务覆盖程度	定量评价，等级赋值
		路网密度	0.0547	—	指乡村道路网络的疏密程度，反映道路的服务水平	定量评价，等级赋值
用地效益	用地高效化	用地混合度	0.1375	%	指各类型用地的混合情况，一定程度上反映用地的高效使用	定量评价，等级赋值
	生产用地规模化	非农生产用地规模度	0.1148	%	指非农业生产用地占可建设用地的比例，反映乡村非农性生产规模情况	定量评价，等级赋值

（2）重构指数计算

基于典型案例库，分别获取重构指标所对应的数据，其中各类社会经济基础数据主要通过统计年鉴、网络报道、村志、学术论文、规划文本等获得，而其余土地、空间层面数据及指标计算，则主要通过 BIGEMAP 平台用地解译计算而来，数据结果见表 3-18。

表 3-18　产业变革型案例重构指标数据一览表

村庄	重构阶段判别指标							
	农民人均纯收入/元	第二和第三产业占比/%	业态复杂度/%	设施完备度/%	设施辐射度/%	路网密度/%	用地混合度	非农生产用地规模度/%
方巾牛村	50 000	16	60	73.3	65	23.1	0.34	12.13
孙庄村	76 394	33	100	93.3	95	35.1	0.43	5.78
丁楼村	100 000	44	100	93.3	90	42.6	0.65	3.57
白牛村	30 718	37	80	93.3	72	35.1	0.42	11.4
霍庄村	16 000	80	80	73.3	63	53.4	0.13	6.23
明月村	18 000	36	60	100	72	21.3	0.21	21.3
西井峪村	23 000	56	80	86.70	93	36.7	0.36	36.7
绰墩山村	25 800	35	80	86.70	68	32.4	0.31	32.4
农科村	50 000	68	100	100	83	45.1	0.52	45.1
金华村	40 000	39	80	86.70	64	65.7	0.47	65.7

对案例库的 10 个产业变革型案例进行重构指数运算。参考前述评分标准，对照各案例的重构指标数值进行评级和加权运算，最终获取各项指标的标准值及 10 个典型案例的重构指数，见表 3-19。

表 3-19　产业变革型案例重构指标标准值一览表

村庄	重构指标标准值								
	农民人均纯收入	第二和第三产业占比	业态复杂度	设施完备度	设施辐射度	路网密度	用地混合度	非农生产用地规模度	重构指数
方巾牛村	0.8	0.4	60	0.4	0.6	0.4	0.8	0.6	0.62
孙庄村	1	0.6	100	0.8	1	0.6	0.8	0.4	0.81
丁楼村	1	0.6	100	0.8	1	42.6	1	0.4	0.84
白牛村	0.6	0.6	80	0.8	0.8	0.8	0.8	0.6	0.69
霍庄村	0.4	1	80	0.4	0.6	1	0.2	0.6	0.53
明月村	0.4	0.6	60	1	0.8	0.4	0.4	0.8	0.61
西井峪村	0.4	0.8	80	1	1	0.6	0.6	1	0.74
绰墩山村	0.4	0.6	80	1	0.6	0.6	0.6	1	0.66
农科村	0.8	0.8	100	1	1	0.8	1	1	0.91
金华村	0.6	0.6	80	1	0.6	1	0.8	1	0.76

总体来看，10 个案例村的重构指数存在较大的差异，最大值为 0.91（农科村），最小值为 0.53（霍庄村），将重构指数由低到高依次排序并绘制折线图（图 3-24），根据变化趋势与明显序列拐点，可将产业变革型村镇聚落空间重构划分为三个层次，即初级阶段、中级阶段与高级阶段。其中，初级阶段重构指数所在区间为 0~0.66，中级阶段重构指数

所在区间为 0.66~0.76，高级阶段重构指数所在区间为 0.76~1。因此，霍庄村、明月村、方巾牛村处于重构的初级阶段，绰墩山村、白牛村、西井峪村处于重构的中级阶段，而金华村、孙庄村、丁楼村、农科村则处于重构的高级阶段（表3-20）。

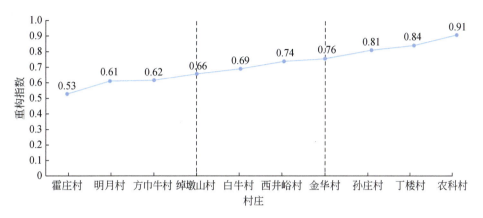

图 3-24 产业变革型村庄重构阶段划分示意

表 3-20 产业变革型村庄重构阶段划分及特征图示一览表

重构阶段	村庄	重构指数	典型案例重构图示
初级阶段	霍庄村	0.53	
	明月村	0.61	
	方巾牛村	0.62	方巾牛村重构前空间分布 方巾牛村重构后空间分布
中级阶段	绰墩山村	0.66	
	白牛村	0.69	
	西井峪村	0.74	西井峪重构前空间分布 西井峪重构后空间分布
高级阶段	金华村	0.76	
	孙庄村	0.81	
	丁楼村	0.84	
	农科村	0.91	丁楼村重构前空间分布 丁楼村重构后空间分布

图例：农业生产空间、非农生产空间、生活空间、生态空间、其他空间

(3) 阶段特征分析

整体而言，产业变革型聚落是由简单的生产作业功能逐步转向兼具居住、交通、工作、游憩、教育、医疗、文体等生活性的综合功能，通过功能的完善、优美生活环境的营造、优质服务设施的提供以及健康社会网络，改变其原有的单一发展动力。产业园区的发展要综合协同产业生产、科技研发、商业服务等用地，形成多个空间结构紧凑、功能高度混合的空间形态，以及产业园的综合发展（图3-25）。

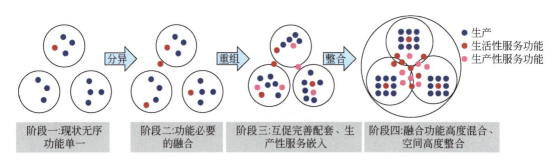

图 3-25　产业变革型村庄重构阶段功能分析

处于初级阶段的聚落空间特征如下：①产业发展层面，产业单一化，农业生产为主要经济来源，第二、第三产业缺失，村民可支配收入较低，且由于产业落后村民外出务工现象明显，村庄空心化、老龄化；②设施配置层面，此阶段公共服务设施的类型及数量皆未达标准，道路硬化程度不高，且由于居民点零散分布，设施分散布置于乡村各个位置，设施利用率低；③用地布局层面，农业生产用地（耕地）占比较高，住宅用地散布于村域水系、耕地周边，聚集性较低，人均宅基地面积远高于宅基地标准面积。此阶段缺乏专业性生产用地。

处于中级阶段的聚落空间特征如下：①产业发展层面，农业生产仍然为主导产业，同时第二和第三产业逐渐出现，村民可支配收入提高，收入来源更广；②设施配置层面，公共服务设施数量普遍增多，但仅满足生活基本需求，基础设施更加完善，如市政设施不断增加，道路硬化程度提高，连通性增强；③用地布局层面，农业生产用地规模化趋势发展，人均宅基地面积有明显程度下降，部分乡村已接近其所在省、市规定的宅基地标准面积值。同时由于第二和第三产业的发展，特定的生产性用地出现，如工业用地等。

处于高级阶段的聚落空间特征如下：①产业发展层面，农业生产功能逐渐弱化，第二、第三产业地位提高，乡村业态多元化，村民可支配收入显著提高，且外出务工人员回流；②设施配置层面，公共服务设施和基础设施全面配置完成，且利于村民生活的设施显著增加，生产相关设施，如仓储物流点等不断出现；③用地布局层面，村庄聚落基本重构完成，空置居民点被合并，集聚成数个功能配置齐全的居民点。特色生产性用地出现，村庄内公共场所增加（图3-26）。

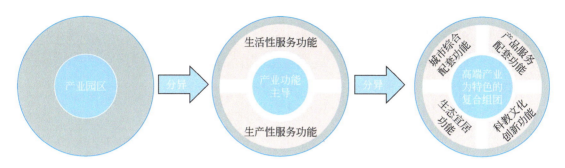

图 3-26　产业变革型村庄重构阶段特征分析

3.4.4　休旅介入型聚落

（1）指标体系建构

通过对政策解读与规律总结所提炼的空间要素进行归纳整合，确定以聚落旅游体系化、空间整合集约化、生活生产便利化、聚落空间生态化为重构目标，以旅游产业、空间布局、设施配置、生态环境四大方面作为指标体系准则层，并在此基础上进一步细分，得到 9 项指标。各指标参考规范要求和各案例情况给出的目标值，得出具体指标的理想值。不同地区可充分考虑研究地区的资源禀赋现状，对理想值进行调整。

权重采用 AHP 结合专家打分确定。研究从利益主体的角度出发，分别于政府、企业、游客（以高校学生为代表）、村民 4 类主体共选取 20 位专家协同参与休旅介入型村镇聚落重构指标重要性的判定。政府类专家来自城市规划管理、旅游管理领域，企业类专家来自城乡规划领域，高校类专家来自城乡规划学、建筑学、旅游学、地理学、社会学领域。为保证评判结果的科学性与可行性，所选专家来自全国各地且学历均为本科及以上水平（表 3-21）。

表 3-21　休旅介入型村镇聚落重构指标体系

重构维度	目标导向	具体指标	权重	单位	指标解释	赋值方式
旅游产业	产业结构	农民人均纯收入	0.0307	万元	反映产业结构变化对村民整体经济收入水平的影响程度	定量评价，等级赋值
	业态类型	旅游业态种类	0.1159	种	反映旅游产业体系的完善程度	定量评价，等级赋值
	资源开发	景观资源开发率	0.0162	—	反映景观资源价值与开发利用程度	主观判定，等级赋值
		旅游点密度	0.0325	个/hm²	反映整体旅游开发程度	定量评价，等级赋值

重构维度	目标导向	具体指标	权重	单位	指标解释	赋值方式
空间布局	土地利用	人均建设用地面积	0.2071	m²	反映土地利用集约程度	定量评价，等级赋值
	组团布局	建设用地分离度指数	0.0690	—	反映建设用地斑块分布的分离程度	定量评价，等级赋值
设施配置	公共服务	公共服务设施完备度	0.0276	—	反映聚落公共服务设施配置情况	主观判定，等级赋值
	旅游服务	旅游服务设施完备度	0.1105	—	反映聚落旅游服务设施配置情况	主观判定，等级赋值
生态环境	生态空间	森林覆盖率	0.3905	%	反映聚落整体生态环境品质高低	定量评价，等级赋值

（2）重构指数计算

基于典型案例库，分别获取重构指标所对应的数据，其中各类社会经济基础数据主要通过统计年鉴、网络报道、村志、学术论文、规划文本等获得，各类旅游设施数据通过网络大数据 POI 获取，其余土地、空间层面数据及指标计算则主要通过 GIS 软件解译与分析计算得出，数据结果见表 3-22。

表 3-22 休旅介入型案例重构指标数据一览表

村庄	农民人均纯收入/万元	旅游业态种类/种	景观资源开发率	旅游点密度/（个/hm²）	人均建设用地面积/（m²）	建设用地分离度指数	公共服务设施完备度	旅游服务设施完备度	森林覆盖率/%
劳岭村	3.3	3	65	0.28	341.93	1.97	120	70	68.18
北沟村	2.6	3	65	0.28	338.32	2.89	120	75	91.64
树山村	5.5	4	75	0.36	243.35	1.49	100	90	52.66
旺山村	4.2	4	90	0.28	262.99	1.07	120	90	53.77
牛马塘村	3.0	4	70	0.15	240.00	2.71	100	85	15.99
礼诗圩村	3.2	3	60	0.23	302.93	1.11	100	75	9.50
鲁家村	4.7	4	75	0.10	447.86	1.92	100	90	66.85
龙黄村	3.2	4	85	0.30	188.78	1.31	110	90	38.44
苟各庄村	3.0	4	85	0.43	216.34	1.55	100	85	88.89
大埝村	3.3	4	75	0.13	348.79	1.60	100	100	31.39

对案例库的 10 个休旅介入型案例进行重构指数运算。参考前述评分标准，对照各案例的重构指标数值进行评级和加权运算，最终获取各项指标的标准值及 10 个典型案例的重构指数，见表 3-23。

表 3-23　休旅介入型案例重构指标标准值一览表

村庄	农民人均纯收入	旅游业态种类	景观资源开发率	旅游点密度	人均建设用地面积	建设用地分离度指数	公共服务设施完备度	旅游服务设施完备度	森林覆盖率	重构指数
劳岭村	0.75	0.75	0.50	1.00	0.50	0.75	1.00	0.50	0.75	0.68
北沟村	0.50	0.75	0.50	1.00	0.50	0.50	1.00	0.50	1.00	0.75
树山村	1.00	1.00	0.75	1.00	0.75	1.00	1.00	1.00	0.50	0.75
旺山村	1.00	1.00	1.00	1.00	0.50	1.00	1.00	1.00	0.50	0.70
牛马塘村	0.75	1.00	0.75	0.50	0.75	0.50	1.00	0.75	0.50	0.66
礼诗圩村	0.75	0.75	0.50	0.50	1.00	1.00	1.00	0.50	0.25	0.49
鲁家村	1.00	1.00	0.75	0.25	0.75	1.00	1.00	0.75	0.75	0.71
龙黄村	0.75	1.00	1.00	1.00	0.75	1.00	1.00	1.00	1.00	0.94
苟各庄村	0.75	1.00	0.75	1.00	0.75	0.75	1.00	0.75	1.00	0.90
大埝村	0.75	1.00	0.75	0.50	0.25	0.75	1.00	1.00	1.00	0.80

　　总体来看，10 个案例村的重构指数存在较大的差异，最大值为 0.94（龙黄村），最小值为 0.49（礼诗圩村），将重构指数由低到高依次排序并绘制折线图（图 3-27），根据变化趋势与明显序列拐点，可将休旅介入型村镇聚落空间重构划分为三个层次，即初级阶段、中级阶段与高级阶段。其中，初级阶段重构指数所在区间为 0 ~ 0.70，中级阶段重构指数所在区间为 0.70 ~ 0.80，高级阶段重构指数所在区间为 0.80 ~ 1。因此，礼诗圩村、牛马塘村、劳岭村处于重构的初级阶段，旺山村、鲁家村、树山村、北沟村处于重构的中级阶段，而大埝村、苟各庄村、龙黄村则处于重构的高级阶段（表 3-24）。

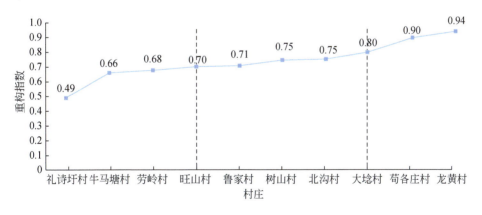

图 3-27　休旅介入型村庄重构阶段划分示意

(3) 阶段特征分析

　　处于初级阶段的聚落空间特征如下：空间优化配置尚不完全，空间利用率较低；①人均建设用地面积较大，布局较为分散，空间集约度不够，一般宅基地面积较大、道路效率低，缺少坚实的发展空间基础；②必要公共服务设施配置完备，但旅游服务设施不足，旅游体系缺乏空间载体，旅游发展零碎化；③生态景观环境较好，有待优化利用成为乡村旅游发展的重要发展支撑。

表3-24　休旅介入型村庄重构阶段划分及特征图示一览表

重构阶段	村庄	重构指数	典型案例重构图示
初级阶段	礼诗圩村	0.49	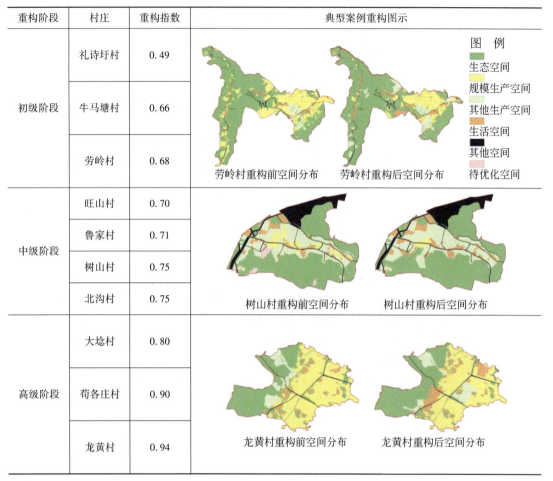
	牛马塘村	0.66	
	劳岭村	0.68	
中级阶段	旺山村	0.70	
	鲁家村	0.71	
	树山村	0.75	
	北沟村	0.75	
高级阶段	大埝村	0.80	
	苟各庄村	0.90	
	龙黄村	0.94	

图　例
生态空间
规模生产空间
其他生产空间
生活空间
其他空间
待优化空间

劳岭村重构前空间分布　　劳岭村重构后空间分布

树山村重构前空间分布　　树山村重构后空间分布

龙黄村重构前空间分布　　龙黄村重构后空间分布

处于中级阶段的聚落空间特征如下：空间整合调整，旅游体系初成。①建设用地扩张同时开始整合集聚发展，空间利用效率提升，奠定旅游高质量发展基础；②资源开发与旅游业态逐渐丰富，促使产业经济提升，但整体旅游规模相对较小，体系初成；③服务设施配置完全，满足生产生活便利，提升乡村整体生产生活质量。

处于高级阶段的聚落空间特征如下：空间利用复合平衡，旅游体系特色配置。①空间进一步集约高效发展，人均建设用地充足，户均宅基地集约，一般有大量的旅游和服务用地，有大量复合功能空间，空间分配更为合理，整体内聚发展趋势明显；②资源开发利用合理，旅游体系配置完备齐全，并依托资源特色突出，具有合理规模，集群发展，有明确的布局结构；③各类生产生活设施配置更为优质，旅游配置上已比较成熟，发展平衡可持续；④生态环境良好，绿色发展突出。

第4章 | 村镇聚落空间重构动力机制解析方法

4.1 村镇聚落空间重构影响因素

村镇聚落空间本身就是一个复杂系统,在自然地理背景、社会经济条件、历史文化特征、宏观区域政策等诸多因素的影响下,村镇聚落空间重构内外部因素的作用方式、作用强度也存在差异(龙花楼和屠爽爽,2017)。因此有必要基于村镇聚落空间重构过程与特征,剖析影响村镇聚落空间重构的多种因素,探明相关因素的作用规律和方式,对比分析村镇聚落空间重构过程及其影响因素与作用机理之间的关系。因此本书依据乡村地域系统的要素组成和结构构成,将村镇聚落空间重构的影响因素分为外源动力、内生动力和场域力(图4-1)。外源动力大致包括公共政策、市场需求、道路交通等,通过乡村地域系统外部的环境、政策、市场、技术手段等对村镇聚落空间重构过程起到诱发、催化、推动或阻碍作用。内生动力包括生产模式、产业结构、生活需求等。场域力则包括人口规模与流动、自然环境,是村镇聚落空间自身场地具有的特定因素,是决定重构后各项空间要素的布局与结构关系,平衡集聚发展与社会稳定的重要作用力(林涛,2012)。

4.1.1 外源动力

4.1.1.1 公共政策

公共政策促进了社会资源再分配,并由国家从宏观层面指导村镇聚落重构的方向,是村镇聚落重构的"导火索"。与村镇聚落有关的政策主要包括三种:①支农惠农政策包括农业补贴、价格支持、信贷支持、以工养农、提供义务教育等政策,经济层面解决了农业发展所需资金问题并增强农业的竞争力,空间层面则促进了家庭农场及多种服务设施的建设,让村镇聚落空间建设能够有充足的资金支持,保证和加速乡村聚落空间科学重构。②土地政策包括村镇土地流转、耕地保护、生态用地保护、农业的多样化适度规模经营等政策。主要通过改变农业用地、建设用地以及生态用地的空间结构来促进土地资源要素的再分配,从而产生空间重构。土地政策中会提出要求,控制农村建设用地总量,坚守耕地和永久基本农田保护红线。同时也同意赋予农村集体经营性建设用地出让、租赁、入股权能。另外为土地政策改革,要求对现有的农村宅基地制度进行完善,保证一户一宅的基本要求,杜绝闲置用地浪费。③城乡统筹政策包括增减挂钩、户籍管理、农旅融合、农业供给侧结构性改革、新农村建设等政策,首先将城市与村镇的发展"绑定",形成产业、资源层面的互补,使村镇聚落与城市消费地更好地衔接,形成更多现代化产业设施。其次推进村镇

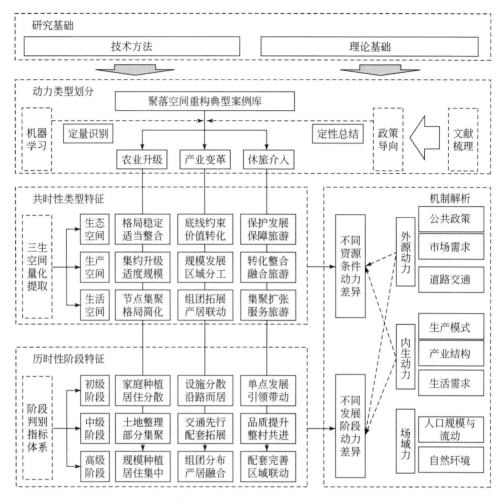

图 4-1　村镇聚落个体空间重构动力机制研究框架

聚落内部中心居民点的建设。随着城乡社会发展，村镇聚落内部经济结构、各项资源配置与周边城区密切相关。区位优越、产业基础雄厚的重点村镇建设水平应向城市看齐（图 4-2）。

以成都战旗村为例。2005 年中央提出建设社会主义新农村之后，为进一步解决"三农"问题，成都就自身农村建设的情况针对性地提出统筹城乡发展"三个集中"政策，明确要求土地向规模经营集中。同时国家早已颁布的城乡建设用地增减挂钩政策和农村土地征收、集体经营性建设用地入市等政策，推动战旗村进行土地层面的变革，将村内闲置的村集体建设用地入市交易，促使战旗村 90% 以上的农户加入合作社，95% 以上的农户承包地进行流转并实现集中经营，仅 2020 年一年内战旗村新流转出让土地达到 6304m²①。在使土地利益更大化的同时，也让全体村民真实获利。

在政策引导下，战旗村原先近 35 个川西林盘式村庄居民点，现整合为一个占地约

---

① 数据来源于成都市郫都区规划和自然资源局。

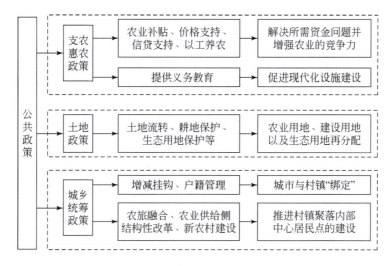

图 4-2 公共政策对村镇聚落空间重构的驱动机制

16hm² 的集中式新农村社区，耕地也因此变得规整，满足发展现代农业规模化生产的需求（图 4-3）。至此，战旗村在中央及地方政策的引导下，完全改变了原有的村庄结构体系，为简化唐昌镇内其他各村的村庄结构体系起到了示范作用。

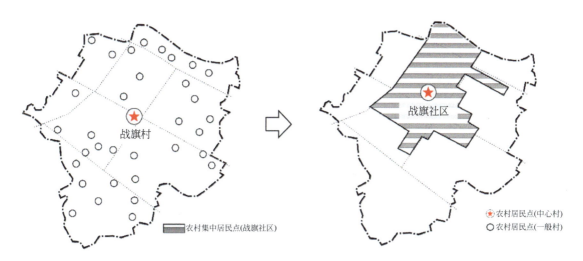

图 4-3 公共政策驱动下战旗村居民点重构

4.1.1.2 市场需求

市场经济加快了城乡之间生产要素的交换速度，推动了村镇聚落内部优势资源集中，并将功能辐射范围扩大到城市。市场是促进村镇聚落农业转型升级的牵引力，主要由城市的经济发展水平、主导产业类型决定。

随着城乡生活品质的提升，村镇聚落主要形成了两大以城市消费群体为主的市场需求。一是源于市民对农副产品、绿色食品的需求变得更加高端、个性化而形成的商品市场。在该需求下，与城市联系紧密的村镇未来将成为大城市优先选择的农副产品生产供应基地，为城市居民供给绿色、无污染、安全的农副产品，由此改变村镇产业发展模式，村镇聚落开始进行农业用地的流转、整合，以便于形成规模化的农产品生产种植养殖基地与现代化的经营与管理模式，由此加速村庄进行空间重构。二是由于市民在繁忙工作之余渴望亲近自然、体验农家生活形成的休闲市场（Forster，2004）；或是成为度假胜地，围绕农业景观开展住宿餐饮、娱乐购物、观光旅游等多项消费活动，综合提升农产品附加值。位于景区周边的村镇聚落受景区旅游市场的辐射带动作用，对其周边的村镇聚落具有良好的示范作用，有利于提高村民参与聚落旅游开发建设的积极性，促进村镇聚落内部空间的功能重组。

正因为有来自大城市巨大的市场优势、技术优势，与其联系的村镇聚落在保证稳定的销售市场之外，也成为农业经济形态良性转变的率先实现者。市场对于村镇聚落的现代化重构主要有三种模式：①有丰富、知名的农业、文旅资源的村镇聚落，主要承担城市居民第三产业（旅游休闲）的服务需求，转变为农旅融合型；②有着规模化的现代生产设施，现状已经向主城区供给各项农产品的村镇聚落，发展模式为现代化工业装备农业，加大种植、养殖、生产等各项环节的科技含量，运用企业化理念集聚运营；③处于欠发达山区的村镇受到的市场驱动相对较弱，由于村镇的市场驱动力主要来自城市，未来仍将以农业为主，深化产业链，提高产出效率与产品质量（图4-4）。

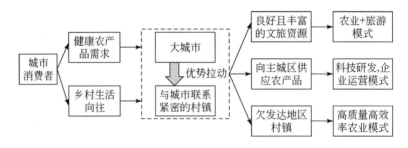

图4-4　市场对村镇聚落空间重构的驱动机制

4.1.1.3　道路交通

交通设施是直接体现在聚落空间上的联系介质，失去交通联系的村镇聚落空间与外界无法产生交流，交通能力决定了村镇聚落之间资源转移和交换的能力，与其他区域产生交流耗费的时空成本越低，服务周边村镇的能力则越高（马一帆涛，2021）。因此道路交通是村镇聚落空间结构形成的重要决定因素之一，构成了市、县、镇、村之间的发展网络，也是村镇聚落空间内部结构的骨架，联系着各个功能区。

首先，交通优势带来良好的对外联系，引导聚落向道路靠近或沿道路拓展，打破均质化空间格局，呈现各向异质发展。生产设施、入驻企业、科研院校、景区配套等功能性设施也于主要交通要道周边规模集聚，形成经济增产点。其次，道路交通对村镇聚落内部产业设施布点和产业模式有重要影响。在镇村体系规划中，交通优势突出的村镇聚落更容易承接城市的部分外溢功能，从而分化出不同的职能定位，驱动聚落重构。总体而言，便利的交通促进农产品更好地输出至城市的销售市场、节省运输成本，同时对内吸引游客前来观光。道路交通成为村镇聚落与外界信息商品交流的重要渠道，所以村镇聚落会在重要的交通沿线集聚，形成产业功能完善或者服务功能综合的新聚落（图 4-5）。

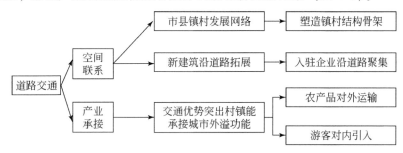

图 4-5　道路交通对村镇聚落空间重构的驱动机制

4.1.1.4　空间响应模式

通过以上影响村镇聚落空间重构的外源动力分析，可以看出外源性驱动因子整体上对村镇聚落空间重构是起引导性作用的。其中，公共政策影响村镇聚落空间重构的要素配置，调控村庄发展，给予政策上、财政上等多方面的支持，引导村镇聚落空间结构体系调整。其次市场需求会影响村庄转型方向，充分利用好村庄自身优势，找寻村庄差异化发展道路，并推动村庄针对需求在聚落层面做出空间响应。而对外的道路交通则作为村庄发展的基础性硬件设施，成为村镇聚落空间重构过程的支撑，影响村庄内外要素流动，间接构建起村庄的区位优势差。

因此，在当下村镇聚落空间格局无序、居民点散布、乡村空间结构体系繁杂庞大的问题背景下，通过市场需求的筛选和道路规划建设的加持，即可对村域范围内的各个村镇聚落进行综合评价。同时在公共政策的帮助下，科学地推进村庄拆村并点工作，实现村镇聚落空间用地的集约，村庄结构体系的简化，引导村镇聚落空间重构。综上，在外源动力的作用下，我国村镇聚落空间重构总体上将会做出整合村庄结构体系、集约村庄建设用地的空间响应，从而利于集中管理与规划调整，完善村庄设施配置（图 4-6）。

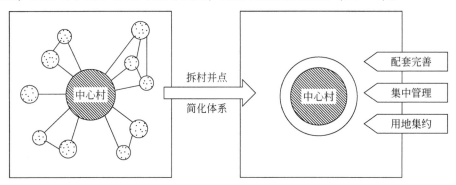

图 4-6　外源动力影响下村镇聚落空间重构模式

4.1.2 内生动力

4.1.2.1 生产模式

在农业现代化的背景下，乡村生产模式需要相应地进行调整升级，农业生产条件与生产技术方面也需要进行优化。农业机械化、规模化生产是农业现代化的基础，在耕地上使用先进的农业生产设备代替人力，从而提高农业生产效率，让农村劳动力拥有更多的就业选择，从而促进村镇聚落打破传统的以单个家庭为主要生产单位的粗放型、小规模、分散化、产出率低的经营模式，转向更机械化、更集聚化的模式。其次可进一步升级现代农业类型，发展生态农业、复合农业、农业研发和"互联网+"农业等，进而推动农业实现现代化、品牌化，全流程有效整合实现产业链增值（李国英，2015）。最后生产力的进步为高新技术提供发展平台，使村镇聚落的要素集中，生产要素优化配置。农业规模化生产模式对村镇聚落空间重构有直接推动作用，主要有以下两种影响机制。

1）农业生产空间标准化。该机制直接作用于农业人口及其依附的土地，间接影响聚落空间格局。一方面，农业技术升级使传统农业劳动力数量减少，意味着村镇农业生产用地、产业用地及公共服务设施的规模需要适应性调整。从生产中解放出来的人口需要重新选择生活工作地点，导致聚落规模缩小、居民点迁并、产业空间集聚，这将决定用地与设施适应性调整的具体程度。另一方面，在建设用地集约化的基础上，必然伴随着基础设施和环境的改变，如田间道路方格网的建设、河道水网环境的整治等，为自动化农业机械运营提供适宜环境，进一步改变农民的就业结构，促进高端产业设施的形成。最终，细碎化的小农耕作方式彻底改变，分散布局的居住空间模式被淘汰。村镇聚落呈现田地形态规整、田间道路四方通达、农田水利灌溉和排涝设施标准化、地块功能合理划分有序排布的空间特征。

2）村镇聚落居民空间布局更具弹性，脱离耕作半径制约。在传统的小农经济模式下，聚落边界和规模受农业生产耕作半径制约。从居民点到最远的耕地斑块并下地生产的时间应不超过30min，现状耕地内田间道路过窄且路面质量差，导致居民以步行为主，居民点到耕地的最大距离，即耕作半径一般为1500m左右。一旦居民点的边界超过耕作半径，就会超出耕地供给范围，通勤效率降低、生产成本增加。有限的居民点规模决定了其承载的人口规模有限，因此大型村镇聚落内部的居民点布局比较分散。农业的规模化经营对聚落内生产空间及设施配备的优化有指导作用：首先，集约化耕地形态、推广使用自动化农机设备并升级水利灌溉等基础设施，提升了耕地的产出能力；其次，对耕地内外道路进行拓宽、硬化和补充，使居民将车行作为外出劳作的主流交通方式。因此，耕地承载能力的提升、交通方式的解放使聚落内居民点的选址、布局突破耕作半径束缚。使零散的居民点可以整合成集约化、大规模布局，形成功能综合的农业社区。最终，聚落的功能布局由以居住、生产为核心转化为以居住、生产为基础，多样化就业、服务为主导的复合布局。空间形态突破死板均质的形态，可以以功能为导向灵活布局，推动产业、公共服务设施的重构与增设（图4-7）。

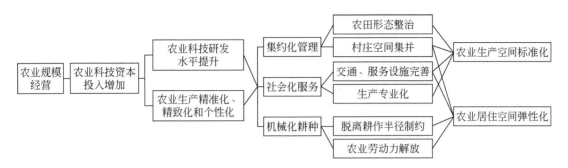

图 4-7 生产模式优化对村镇聚落空间重构的驱动机制

以成都战旗村为例。在 20 世纪 70 年代，战旗村村民就意识到单纯的农业种植生产利润低，耕作辛苦，早已经不能满足如今乡村发展需求，因此开始在村庄产业上寻求改变。从村办企业到村庄与企业、合作社共同合作，不断摸索，主动对村庄产业进行优化升级，成功引入观光农业等企业入驻，使战旗村逐步形成"农–企"良性互动的农业产业化经营体系，促进农村产业互动发展。

在产业升级驱动下，战旗村在空间上也做出了适应性的调整。对于农业升级型乡村来说，耕地集约化发展，最大化保证耕地能够规模化生产，满足基本的现代农业生产需求。目前战旗村村庄建设用地约 $170hm^2$，在未增加建设用地的前提下完成了乡村耕地的规模化布局，也让规模农业占比超过 20%。其中，建设用地中村庄居住用地仅占 30%，有充足的集中建设用地用于发展乡村产业，为现代农业拓展产业链、构建围绕农业的现代产业体系提供用地基础。至此，战旗村在农业产业转型升级的驱动下，优化了村庄空间的布局，耕地不断整合，农村建设用地不断集约优化，并带动周边村庄一起整合土地，联动发展（图 4-8）。

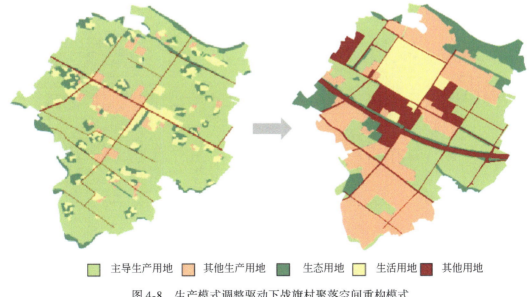

■ 主导生产用地　■ 其他生产用地　■ 生态用地　■ 生活用地　■ 其他用地

图 4-8 生产模式调整驱动下战旗村聚落空间重构模式

4.1.2.2 产业结构

农业产业结构调整是指农业与第二、第三产业的融合，提高技术含量形成综合的产业系列。通过充分挖掘农业的商品和非商品功能，将范围延伸至物流运输、生物科技、自动化生产、能源节约、文化教育以及体验服务等范畴，必将影响村镇建设用地与生态用地格局。

产业结构调整对村镇聚落空间的影响，主要体现在以下三点：①土地利用层面，第二、第三产业发展比例逐渐增大，必然改变土地利用布局，使用地功能发生置换、不同类型用地的比例改变。具体而言，住宅用地、农业用地、第二和第三产业用地的规模发生变化，村庄产业用地与村镇商业服务业设施用地结合布局。同时，农用地的种植类型也发生变化，由粮食、蔬菜、水果等基础性农作物生产向有机农副产品等高附加值生产转变。②功能重构层面，农业产业化必须由村镇聚落的相关功能配套提供支持，而不同设施的集聚形成聚落内的不同功能组团。经济合作组织、大规模商业性农业企业及研发中心的协作运营形成农产品研发运营组团；生产基地、生产区和生产带及配套生产设施形成生产深加工组团。而农产品交易市场、农业技术服务站等形成服务组团。③村镇一体化层面，促使镇村聚落内部核心组团的建立，并与生产活动局限于村庄居民点周边的农业分散小生产建立连接。核心组团一般位于中心镇村内部，作为区域经济增长极，服务范围涉及周边村镇，为现代化农业组织链中最接近市场的那一端，往往分布有龙头企业、农副产品交易市场等。因此，该连接使各产业部门在聚落内核心组团集聚，不仅增强了各个部门间的联系、保持信息畅通，还使农业生产与销售市场的关联进一步加强，加快了村镇一体化进程和辐射带动作用。另外，分散的农户家庭经营也通过该连接直接与销售市场建立联系，将进一步专注于专一、对口的生产（图4-9）。

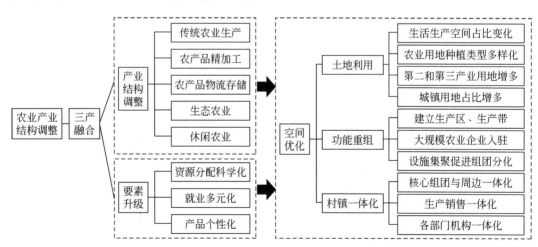

图 4-9　产业结构调整对村镇聚落空间重构的驱动机制

4.1.2.3 生活需求

随着聚落经济水平的提升，从基本生存到精神享受，居民的美好生活需求日益增长，主要包含居住条件、公共服务设施、基础设施、生态条件四个方面，使居民对村镇聚落重构产生主观认同，推动重构进行（图4-10）。

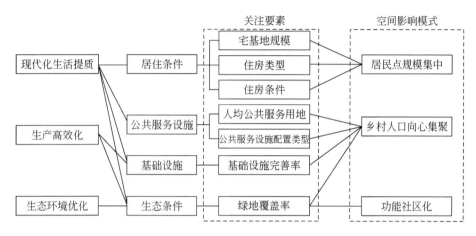

图 4-10　生活需求对村镇聚落空间重构的驱动机制

（1）居住条件

其侧重于分析宅基地规模、住房类型等。纵观人类居住史，人类居住环境经历了从居无定所到基本定居，由乡村到集镇再到城市，由茅草房、木房到砖房、钢筋混凝土房的变迁。可以看出，随着时代的发展，人类对居住条件的要求在不断提升。因此，在人均收入提升的当下，有足够经济能力的农民会选择到乡镇买房，而其余农民会倾向于对原住房进行整修或在村内择地新建。从镇村一体化的视角来看，区位好、设施配备全、产业基础牢的居民点规模会增大，且形成发展的良性循环。而偏僻、零散、落后的居民点规模基本不增长，甚至因为出现空心化而被拆除。

（2）公共服务设施

公共服务设施是为满足居民不同社会服务需要，由政府引导或直接投资建设的各项设施，侧重于分析人均公共服务用地、公共服务设施配置类型。公共服务设施与人口流动有着互相反馈的关系，人口规模增加使公共服务设施新增，而公共服务设施覆盖率的提高反过来又吸引人口聚集。因此村镇聚落内公共服务设施条件与人口密度正相关。在城乡一体化背景下，农业村镇聚落除了完善保障生活需求的设施外，还应发展提升公共配套设施，提供城乡区域共享的服务，包括文化休闲、观光旅游配套服务设施等。同时，在农业劳动力出现相对剩余的状况下，农民有了充足的闲暇时间来追求高品质的生活质量，农民对身心健康、教育和公共卫生、休闲娱乐等品质化的公共服务设施水平将更加重视，这就要求村镇聚落能够提供更高水平的基本公共服务来满足农民日益增长的公共服务需求。因此聚落从生产、生活、生态三位一体功能布局向以生活服务、公共产品供给为主导的社区化功能转变，聚落的功能形态及结构体系等都将面临重组。

（3）基础设施

基础设施为聚落内生产生活提供基本保障，主要关注基础设施完善率。与农业密切相关的设施包括生产生活道路，农田水利、灌溉配套设施，水电气供给设施，环卫设施等。基础设施的完备彻底解放了耕作半径的束缚，改善了村镇聚落的人居环境，提高了生产效率，同时也通过骑行、车行等交通方式，使聚落内部更容易形成生活、生产、观光、管理等不同用途的流线。

（4）生态条件

其与居民的健康联系紧密，主要关注绿地覆盖率。从古至今，人们在聚落选址时就非常看重良好的生态条件，追求山水自然的和谐（张常新，2015）。在工业污染严重的当下，从环境污染严重的居民点搬迁的居民越来越多，使不同居民点的人口呈现两极分化趋势。同时，为了减少污染，农业型村镇未来将避免引入传统工业。

4.1.2.4 空间响应模式

通过以上影响村镇聚落空间重构的内生动力分析，可以看出内生性驱动因子整体上对村镇聚落空间重构是起功能性决定作用的。其中，生产模式调整需要重组"生产-生活"空间，打破原有村镇聚落空间内生产与生活空间的链接关系，引导生产、生活空间各自优化调整空间布局。产业结构调整需要复合空间功能，植入更多新生产功能，满足村庄未来多元产业发展，由此改变聚落空间功能结构，从而激发村镇聚落空间重构。而村民生活需求的提升则是推动村镇聚落空间重构的人力基础，以人为本，认可且明确聚落空间重构方向，是确保村镇聚落空间优化调整工作进行的先决条件之一。

因此，在当下传统小农经济背景下以及单一的生活、生产功能组合的聚落空间形式下，通过生产模式和产业结构的调整，空间将转变为将生活与生产功能分化、单空间内功能复合的聚落空间形式。而在遵循村民意愿的前提下，生活功能内部通过鼓励建设集中式农村公寓，收缩宅基地，同时将非农用地与闲置未利用的建设用地征收并重新规划建设，为乡村聚落空间内部新增配套设施、公共空间等。综上，在内生动力的作用下，我国村镇聚落空间重构总体上将会做出调整村庄空间布局、复合内部空间功能的空间响应，从而提升村镇聚落空间整体人居环境品质与村民生活质量（图4-11）。

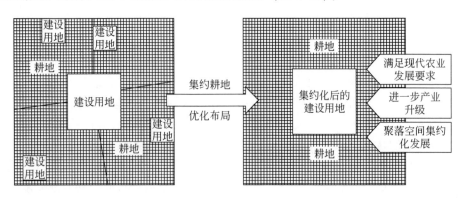

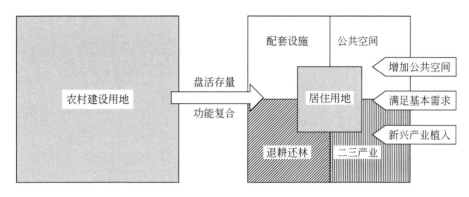

图 4-11   内生动力影响下村镇聚落空间重构模式

4.1.3   场域力

村镇聚落空间是自然和社会系统的结合体,其重构除了受到外源动力和内生动力的综合作用,还与聚落空间的场所肌理、人口规模以及所处的物质载体有关(林涛,2012)。特定场域的人口分布形态及自然环境将决定村镇聚落的边界格局、建筑走向、产业布点、景观格局等各项要素的形态。

4.1.3.1   人口规模与流动

可持续发展以空间的集约、有效利用为前提,因此村镇聚落的人口规模与分布直接影响建设用地规模、产业布局、公共服务设施配置等。顺应农业现代化发展、机械化水平提高,使内部人口产生流动,导致村镇聚落空间产生重构。具体而言,农民职业分化、居民点与工作地交通联系加强也产生了聚落人口流动,进一步加强农民聚居的目标导向性,使得方便就业成为农民选择居住空间的首选条件。其次农业生产中的劳动力需求大幅度减少,受耕作半径束缚性也同步降低,农业人口对土地的依附性逐渐减弱促进了劳动力的解放,从单纯的生产转为农业的总体经营管理。在新的农业经济模式下,聚落内居民对居民点选址的要求产生变化,资源丰富、经济水平较高的农村社区、中心镇村集中成为居民落户的新意向,这导致零散宅基地被大量闲置。因此,未来村镇重构需要合理判断村镇农业人口流动情况,正确预测村镇的发展规模,将过量的、分散的住宅进行功能置换,保证用地的集约整合,形成系统性、结构性强的村镇空间格局。总之,人口流动使村镇聚落的居民点体系具备了重组的内在动力。

4.1.3.2   自然环境

自然环境是在人类活动开始前就长期存在的宏观物质载体,自然资源包括地形地貌与景观资源,主要由区位因素决定,受自然条件制约。地形地貌是构成生态格局的基本框架,制约了建设用地的布局形态、规模、密度与拓展。因此,自然资源是村镇聚落选址的基本环境条件和建设发展的物质基础条件(图 4-12)。

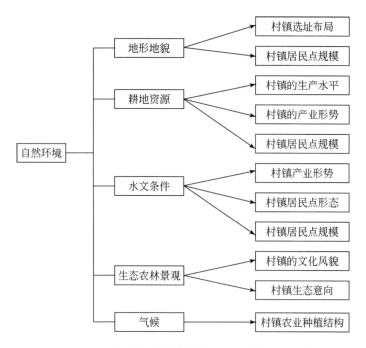

图 4-12 自然环境对村镇聚落空间重构的驱动机制

自然环境对村镇聚落最初的形态形成具有决定性作用，并且在人类活动早期对村镇聚落的演变过程、生产发展中有重要的影响。例如，为适应地区气候地理条件，村镇聚落形成了地域性的生产活动、建筑形式与风貌格局。而地形、水系、耕地资源等自然地理要素框定了村镇聚落空间分布的历史性格局，在村镇聚落空间演变中发挥着基础性的约束和支撑作用，具有影响范围广、作用时间长、一定时期内相对稳定的特点，如：①村镇聚落与农地之间有着紧密的自然依存关系，影响景观格局的形态，且在"人-水文-耕地"存在着高度的共生性；②坡度、高程等地形因素通过对气温、降水、蒸发、光照等施加影响，决定了农业生产条件的优劣和生产生活设施建设的便捷性，从而影响村镇聚落的居民点形态及产业中心位置；③地势平坦地区聚落空间集聚度更大，与低洼和高峻地区相比，重构更为剧烈；④聚落在靠近河流的地方沿着高地顺着河流走向呈轴带状发展，既可便于人畜生活用水，又可利于农田的耕种；⑤从区域角度来看，良好的景观资源条件有利于塑造优美的聚落生态环境，提升聚落整体的旅游发展潜力与核心竞争力。从个体层面来看，聚落空间内部的景观资源点具有较大的旅游发展潜力，经有效激活后，景观价值进一步提升，吸引开发主体投资建设。

4.1.3.3 空间响应模式

通过以上影响村镇聚落空间重构的场域力分析可以看出，场域力驱动因子整体上对村镇聚落空间重构起细化作用。无论是人口规模与流动，还是自然环境，都奠定聚落转型发展的基本空间格局，是聚落空间功能重构的基础。地形地貌、河流水系和植被景观等影响聚落空间布局形态和拓展方向（杨兴柱等，2020），进而成为聚落空间集聚选址的核心因素。而人口规模与流动情况则成为聚落空间重构的辅助力量,明确新农村社区规模,依据村民就业需求,增设或调整聚落产业功能布局,助推聚落空间功能转型。

因此,在当下单一的依靠血缘、人地关系而演化形成的村镇聚落逐渐减少的现实背景下,通过村民对于村镇聚落选择目标或选择要求的提升转变,促进了村庄主体意识的转型,增加了村镇聚落空间产业功能的需求;科学利用与考虑村镇聚落自然环境条件,为聚落功能转型提供了资源本底,起到制约和支撑聚落功能转型的双重作用。由此,即可实现在微观层面细化村庄聚落空间重构要素与方向。综上,在场域力的作用下,我国村镇聚落空间重构总体上将会做出明确村镇聚落选址与规模、细化内部功能布局的空间响应,从而实现村镇聚落空间的科学化与精细化重构(图4-13)。

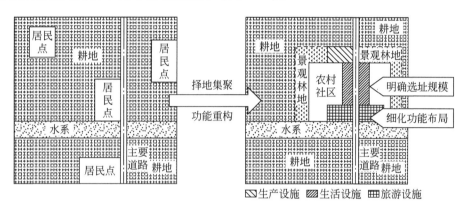

图4-13　场域力影响下村镇聚落空间重构模式

4.2　空间重构动力机制分析方法

4.2.1　机器学习支持下的动力机制分析

机器学习是实现人工智能的核心技术之一(刘瑜等,2022),近年来在人工智能领域取得众多突破。其本质是借助计算机的运算能力,通过对数据的计算,发现事物的规律。首先需要依靠人的先验经验,再通过模仿人类有监督、无监督学习形式,基于训练数据和预定义的性能指标,将现实因素以数字的形式存储,概率统计迭代运算(假设—试错—验证)这些数字关联组合形成的输入状态,不断提升完成该任务能力,揭示影响事物的现实要素及其相互之间的关系,为缺乏衡量标准的动力机制解析提供了客观交互影响关系挖掘的重要途径。

机器学习在归纳事物客体的"聚类、分类、回归"方面具有独特的优势。机器学习坚持"最简单的假设是最好的"奥卡姆剃刀假设理念和"任何事物都是相关的,距离越近相关性越强"的托布勒地理学第一定律,通过计算事物属性的相关关系,学习"聚类、分类、回归"知识,获得预测事物现象空间发展规律的能力。机器学习可以解决的问题很多，但是最基本的两个应用是分类和回归。分类和回归分析的主要目的是发现数据中的模式和规律并识别驱动因素，进而支持相应的预测分析。利用机器学习"数据驱动"的特点（李超和求文星，2021），系统全面地考虑广泛的模型，以进行有效的反事实推断。

机器学习算法分为有监督学习和无监督学习。无监督学习是通过没有标注的训练数据集，需要根据样本间的统计规律对样本集进行分析，常见任务如聚类等。有监督学习则是从给定的有标注的训练数据集中学习出一个函数（模型参数），当新的数据到来时可以根据这个函数预测结果。本研究针对乡村聚落重构的特征进行标记处理，故采用有监督学习算法。

乡村聚落重构"空间-动力"耦合机制的机器学习方法，则是通过构建乡村聚落重构的跨时空尺度综合基础数据库，量化关联乡村聚落空间重构特征（标签）与背后的区位条件、空间资源、经济基础、社会因素等影响因素（数据），借助机器学习方法，在学习数据中通过提取并学习大量标记案例库中的特征数据，确保预测数据集与训练数据集的特征一致，以此建立"空间-动力"耦合机制分析的客观过程，科学认知空间重构动力因素和影响机制（图4-14）。

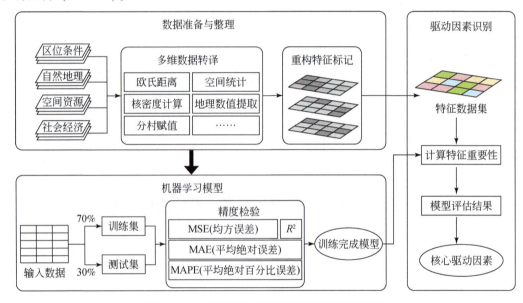

图4-14 动力机制解析的机器学习原理及流程

机器学习的基本流程为（Alpaydin，2009）：①整备研究区域及其训练样本的绝对空间和属性空间信息；②通过绝对空间的拓扑关系和属性空间的属性关联，建立训练样本的多维关联特征空间；③选取学习函数（聚类、分类、回归算法），在对训练样本进行任务 T 和学习正确性度量标准 P 的迭代运算中，训练学习器，获得完善经验 E；④用获得的完善经验 E 的训练学习器，预测测试样本的聚类归属。

4.2.2 聚落重构特征标签标记

重构特征标签是机器学习中的因变量，是有监督学习的聚类目标。在学习过程中，需要同时准备训练数据和标记好标签的目标结果。目标结果被称为"标签",而属性是判断结果的特征,如学生的体育成绩分数是目标结果(标签),而身高、体重、年龄等则是特征属性。

村镇聚落空间重构的统计学规律随着观察尺度的扩大而逐渐明晰(左力和陶星宇,2021),在宏观尺度层面体现得更为明显;在微观尺度层面,如一栋建筑的平面类型或立面风貌的变化随机性较大,受到村民自身主观意愿和各种不确定因素的影响。本书重点研究某一县域的聚落空间重构,因变量应为重构情况,故将在空间上主要体现为用地类型的变化,其中以建设空间的变化最为核心,且在机器学习的回归算法中,因变量须是连续值,所以将宏观尺度的聚落重构前后乡村用地矢量数据进行叠加分析,识别聚落建设用地增加或减少的图斑,再运用 ArcGIS 将图斑转变为带有面积属性的空间点,利用聚落重构的空间分布密度变化来表征村落空间重构的特征标签值(图4-15)。

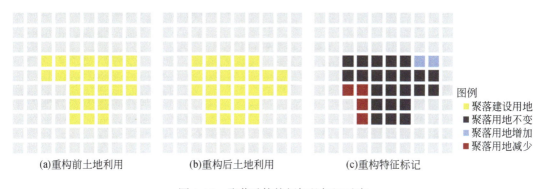

(a)重构前土地利用　　　　　　(b)重构后土地利用　　　　　　(c)重构特征标记

图例
聚落建设用地
聚落用地不变
聚落用地增加
聚落用地减少

图 4-15　聚落重构特征标签标记示意

4.2.3　多维驱动数据转译

乡村地域系统是一个自然–经济–社会–生态复合体(龙花楼,2013),其特征属性和重构影响因素复杂多样,对其特征表达和相关解析不能就空间而论空间,更应关注依自然、社会、经济等多种属性在土地空间中的特征和复杂作用关系。在计算机技术的支持下,土地空间的概念已经突破地理绝对空间的概念,成为"容器式"绝对空间,可以对属性及其相对关系进行关联、感知和推理,为探究复杂系统运作提供技术支持。

乡村聚落空间重构动力机制研究的机器学习依赖于建立多维度影响因素与特征标签的量化关联关系,大范围的数据叠加并不能满足空间特征的表达和识别,故需要通过相关降维量化手段进行数据转译表达,将单一属性以符合其作用特征的描述方式转置于地理绝对空间中,使得自然地理、社会经济等相关属性特征整合于三维空间坐标内,从而建立起空间、属性多维关联的基础数据,为客观挖掘复杂系统运作机制奠定基础。

重构影响因素是机器学习中的自变量,具有多样化特征。乡村聚落空间重构在内生需求与外源动力内外综合作用下进行,受聚落区位、自然地理、发展资源、社会经济等复杂要素影响,需要建立覆盖多元影响因素的多维关联数据库。本书基于已有理论成果,考虑数据获取可能性，最终选取包括4个维度共14个影响因素（表4-1）。准备相关土地利用、POI、经济社会数据，转译得到聚落区位条件、空间资源、自然地理、社会经济等指标，集成到聚落空间的三维属性中，整备出重构影响因素数据集。

表4-1 乡村空间重构影响因素空间转译说明

准则层	影响因素	指标说明/单位	数据来源
区位条件	市区距离	距城区的距离/m	由自然资源相关部门提供数据分析所得
	镇区距离	距镇区的距离/m	
	景区距离	距国家3A级旅游景区及以上的距离/m	
	主干道路距离	距离城乡主干道的距离/m	
	其他道路距离	距离乡镇村道路的距离/m	
空间资源	旅游点数量	距村域内部旅游资源点的距离/m	高德POI数据
	农业资源	人均耕地面积/m²	由自然资源相关部门提供数据分析所得
	生态资源	生态用地占村域比例/%	
	水系距离	距河流、湖泊等非生产性水域的欧氏距离/m	
自然地理	高程	海拔/m	中国科学院地理空间数据云网站
	坡度	坡度值/（°）	
社会经济	社会活力	宾馆、餐饮、休闲娱乐、生活服务等设施的核密度/（个/km²）	高德POI数据
	人口密度	单位面积人数/（人/km²）	由自然资源相关部门提供数据分析所得
	经济收入	农村居民人均可支配收入/万元	

4.2.4 学习方法选择

随着学科的融合发展，机器学习方法已在地理学、生态环境学中用于空间演变、土地变化的相关研究，支持向量机（support vector machine，SVM）、随机森林（forest recreation，FR）、梯度提升决策树（gradient boosting decision tree，GBDT）、K最近邻（K-nearest neighbor，KNN）、神经网络、地理探测器、元胞自动机等经典机器学习算法已在相关研究中取得了有价值的研究成果，证明了机器学习对于空间研究的重要意义（谷晓天等，2019）。其中，基于树的集成算法在土地利用变化研究中有突出优势（Jun，2021），其中互不关联的多随机决策树算法有更好表现，在复杂的、特征未知的大量多维非平衡数据集的分析决策中具有显著优势，体现出良好的学习效果（Yang et al.，2019）。另外，机器学习算法运用侧重于分类与预测，对于因子的重要性和相关性关注度不足，部分常用机器学习算法（如元胞自动机等），学习过程为暗箱操作，模型中的变量之间相互关系无法有效呈现和解释，故在对内部因子相互关系及驱动力和影响因素的解析中，具有高度可解释性的基于树的集成算法主流模型，如FR、GBDT等具有显著优势，已广泛运用于经济、社会、生态、医学等各领域，尤其在主导特征的解释上有突出优势（Wang Q et al.，2021）。

相关研究表明,对于土地和空间的研究,在较大样本量下,梯度增强算法具有一定优势 (Wu et al.,2021),因此基于梯度增强算法的 GBDT 模型常发挥出比其他决策树相关集成模型更好的学习效果,在相关研究中展现突出优势,如 Li 等 (2021) 在土地利用分类研究中对比了朴素贝叶斯 (naive Bayesian,NB)、KNN、决策树、GBDT、FR、SVM 和多层感知器 (multilayer perceptron,MLP) 共 7 种常用分类器,其中 GBDT 准确率最高 (Georganos,2018);Yang 等 (2019) 将 FR、GBDT 和 SVM 应用于遥感作物分类,GBDT 准确率最高,达到 92.4%,展现出精度高、构建简单迅速、适用于大量数据特征的优势 (Li et al.,2021)。

GBDT 模型通过学习多个弱分类器并进行多次迭代来提升模型的性能,是对真实分布拟合最好的机器学习算法之一,具有预测精度高、构建过程简便、能处理非线性、连续和离散数据、结果可解释等优点 (丁鹏等,2021),对于土地及空间的影响因素和动力机制研究,有极佳适用性和算法优势,本书选取此模型进行机器学习研究。

4.2.5 学习训练与结果输出

学习训练需要将数据分为训练集和测试集,将样本按照 7∶3 的比例随机分为训练集和测试集。将训练集数据作为训练样本已知特征进行学习,构建机器学习模型。测试集数据不参与计算,而是通过训练完成后的模型进行验证,以保证具体算法的训练精度。

在本书中,构建聚落增加与聚落减少两类数据集。在计算过程中,分别将样本随机分为不同的训练集和测试集,每组训练集的预测结果需得到所有组的测试集的交叉验证,再次加强训练精度;另外,它还有 MSE (均方误差,预测值与实际值之差平方的期望值)、RMSE (均方根误差,MSE 的平方根)、MAE (平均绝对误差,绝对误差的平均值)、R^2 (将预测值跟只使用均值的情况下相比) 等一套保证训练精度的指标,其计算过程也是不断将输出结果反向传播到输入端与原有输入变量比对,以避免 "欠拟合" 与 "过拟合" 现象发生。

在模型精度检验合格后,通过 GBDT 算法度量特征变量的重要性程度 (徐枫等,2018),各特征 (自变量) 的重要性比例则反映了变量重要性 (variable importance),其值越大,意味着该特征对分类结果的影响程度越高,这能间接反映其对模型训练的重要性程度。特征重要性反映了乡村聚落重构的驱动力影响显著程度。通过每个影响因素对空间重构的驱动情况,其中贡献度较大的影响因素是影响聚落空间重构的主要驱动力。

4.3 动力机制分析实证——江苏溧阳

溧阳地处长江三角洲几何中心,是宁杭生态经济带上重要节点城市,自然资源丰富、生态环境优美,呈现 "三山一水六分田" 的地貌特征。市域面积 1535km²,户籍人口 80 万,下辖 9 个镇、3 个街道,是全国文明城市、国家生态市、中国优秀旅游城市、中国建筑和长寿之乡,是江苏第二林区,西北和南部地区属丘陵地带,是江苏唯一的 "全国丘陵山区农业综合开发示范市",生态环境优良、旅游资源丰富。除了南山竹海、天目湖等 5A、4A 景区以外，还有 200 多家旅游农庄和各类精品民宿。2019 年末，溧阳农村人口近 30 万，共有 171 个行政村、2490 个自然村，每平方千米 1.62 个自然村（赵毅等，2020）（图 4-16）。

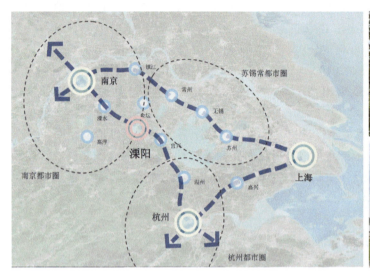

图 4-16 溧阳市整体区位与镇村分布

21 世纪以来，溧阳农村主要经历了五个阶段的建设与发展①。特别是在 2011 年后分三个层次的全面整治，打造三星级村庄 24 个，二星级村庄 242 个，省级美丽乡村示范点 21 个，保护了一批传统村落，3 个村获得住房和城乡建设部美丽宜居乡村示范。随后，建成 7 个特色田园乡村，500 个美丽宜居乡村。伴随着上述一系列行动的推进，溧阳乡村发展水平不断提升，乡村特色愈发凸显，实现了"点上有特色、线上见风景、整体大提升"的成效（图 4-17）。

图 4-17 溧阳市塘马村、牛马塘村乡村建设
资料来源：课题组自摄

---

① 溧阳农村建设与发展的五个阶段分别是：2005~2011 年社会主义新农村建设阶段、2011~2013 年村庄环境整治阶段、2013~2017 年美丽乡村建设阶段、2017 年开始的特色田园乡村阶段、2019 年至今的美意田园行动阶段。

4.3.1　乡村聚落空间重构特征

溧阳乡村聚落在 2010~2018 年伴随着美丽乡村建设与特色田园乡村建设的推进，在近十年期间总体上呈现聚落减少（241.67hm²）高于聚落增加（186.79hm²）的趋势（表4-2）。从数量和平均规模上看，聚落增加的斑块数量（1060 个）高于聚落减少的斑块数量（768 个），同时聚落增加的平均面积（1762.18m²）小于聚落减少的平均面积（3146.73m²），表示溧阳的乡村建设已经逐步迈入整体空间格局优化与聚落小微渐进式更新补足阶段，这与《战略规划》中"搬迁撤并类村庄"和"集聚提升类村庄"的发展模式相契合。

表 4-2　溧阳聚落空间重构统计

统计数据	单位	聚落增加	聚落减少
数量	个	1 060	768
面积最小值	m²	14.63	45.78
面积最大值	m²	200 625.37	226 426.62
总面积	hm²	186.79	241.67
面积平均值	m²	1 762.18	3 146.73
面积标准差	m²	8 265.20	10 164.07

空间分布上，结合溧阳乡村空间分区可以看出，减少斑块主要呈现线性、集聚等特征，减少斑块主要位于市域东北部水圩地区与中部平原地区，南部低山地区则在此期间聚落减少数量较少；增加斑块则呈现分布较为均衡，各街镇均有不同程度扩张的总体特征，南部低山地区局部聚落增加较为密集（图4-18 和图4-19）。

4.3.2　"空间–动力"机制解析

将聚落空间重构的增加斑块与减少斑块的两个数据集进行空间标记，得到聚落增加数据集面积从 14.63m² 到 200 625.37m² 不等的聚落 1060 个标记点；聚落减少数据集面积从 45.78m² 到 226 426.62m² 不等的聚落 768 个标记点。同时对标记点的空间分布进行面积加权的核密度分析，得到聚落增加、聚落减少集中分布的量化数值。其中，聚落增加的核密度最大值为 2.1，聚落减少的最大值为 1.8（表4-3）。

以聚落重构特征数据为基础，建立溧阳可能影响因素聚落空间重构的 4 个维度共 14 个驱动数据的"多维关联"数据库（图4-20）。其中，运用欧氏距离方法计算各个特征点距市区、镇区、景区、主干道路及其他道路的距离属性；运用空间计算与空间统计得到聚落空间重构特征点的高程、坡度、生态资源、农业资源、人口密度、经济收入等；此外，通过高德 POI 数据导入分析获取社会活力的核密度分析、村域内景点资源的核密度等，并将驱动因素所得数值关联到聚落重构特征标记点的维度属性，整备出便于机器学习数理计算的聚落空间重构增加与减少的两个特征数据集。

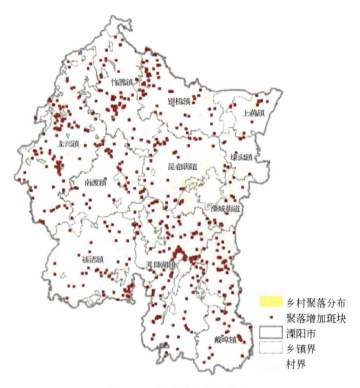

图 4-18　聚落增加斑块分布

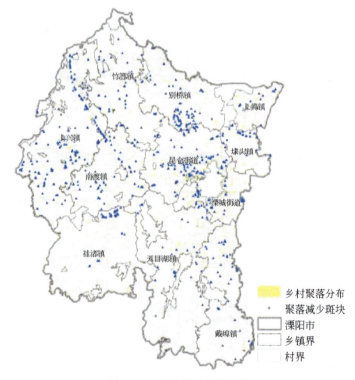

图 4-19　聚落减少斑块分布

表 4-3　聚落空间重构标签总体情况

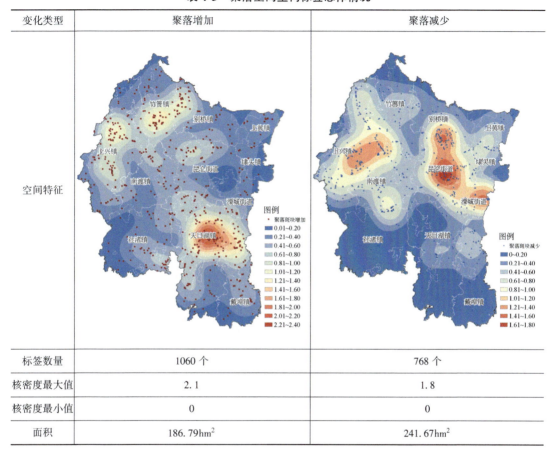

变化类型	聚落增加	聚落减少
空间特征		
标签数量	1060 个	768 个
核密度最大值	2.1	1.8
核密度最小值	0	0
面积	186.79hm²	241.67hm²

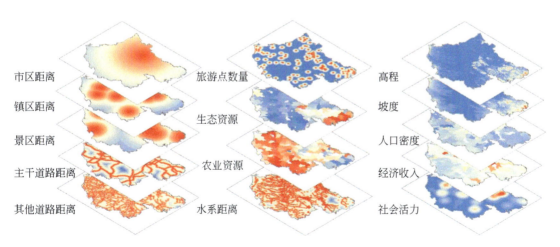

图 4-20　溧阳聚落空间重构驱动数据整备

　　将标记出的 1060 个聚落增加特征点数据集与 768 个聚落减少特征点数据集，运用训练集数据来建立 GBDT 回归模型，并将建立的回归模型应用到训练、测试数据，得到模型评估结果（表4-4）。由结果可知，训练出的两个模型的精度均较高，MAE、MSE 和 RMSE 的值均较低，意味着回归模型的准确度高，通常 RMSE 比 MSE 更广泛用于评估回归模型与其他随机模型的性能，因为它的因变量（Y 轴）具有相同的单位；R^2 越高则模型性能越佳，越被认可。具体来讲，聚落增加数据集的测试集的 RMSE 为 0.051，R^2 为 0.983；聚落减少数据集的测试集的 RMSE 为 0.078，R^2 为 0.961，均显示出该学习模型性能较为突出。

表4-4　GBDT 模型评估结果

特征	数据集	MSE	RMSE	MAE	MAPE	R^2
聚落增加	训练集	0	0.019	0.014	3.67	0.998
	测试集	0.003	0.051	0.033	6.946	0.983
聚落减少	训练集	0	0.021	0.015	11.935	0.997
	测试集	0.006	0.078	0.046	19.58	0.961

注：标签的两个特征数据集分别按7:3比例随机分为训练样本和测试样本。

通过建立的聚落减少与聚落增加两个机器学习模型分别计算得到的 4 个维度 14 个动力因素的贡献度，各特征（自变量）的重要性比例则代表了各驱动因素在聚落空间重构影响因素的贡献程度（图4-21），结合乡村聚落重构的空间特征，可以从以下三个方面解读溧阳 2010～2018 年聚落重构的"空间-动力"机制。

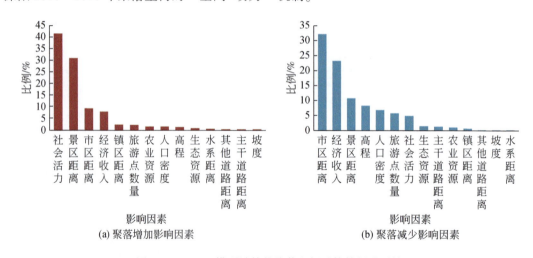

(a) 聚落增加影响因素　　　　　(b) 聚落减少影响因素

图4-21　GBDT 模型计算的聚落空间重构特征重要性

1）片区空间活力、区位优势对聚落增加影响程度较大。在聚落增加数据集的特征贡献值中，社会活力（服务等设施的集中度）在 14 组数据中数值最高，达到 41.5%，其次为景区距离（31.0%）与市区距离（9.4%）。进一步通过数据的频数分布来分析不同影响因素对于聚落增加的作用（图4-22）。社会活力的作用机理较为简单，即活力越高，该地区聚落增加的可能越大；从景区距离和市区距离的具体统计情况来看，在距景区 2000m

以内的聚落增加数量最高，其次在 2000~9500m 均呈现出较高的聚落增加现象，越远则越不明显；市区距离则是在 1000~8500m 表现出明显数量上优势，1000m 以内和 8500m 以外，聚落增加数量则不显著。整体上可以看出，距离景区、城区越近，则聚落增加的趋势越明显。

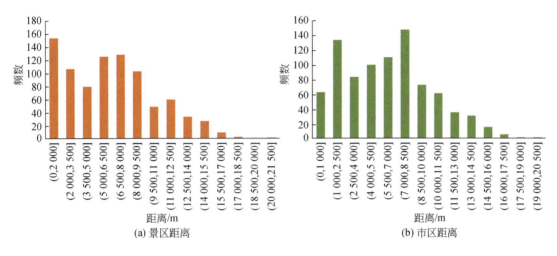

图 4-22　聚落增加空间点的核心影响因素情况统计

2）城镇化发展、经济收入状况对聚落减少影响最为强烈。在聚落减少的模型结果中，市区距离（32.0%）与景区距离（10.9%），以及经济收入（23.3%）三项指标总共贡献66.2% 的特征值，是影响聚落减少的主要因素。结合聚落减少空间点的市区距离和人均收入情况统计可以看出，距离市区越近（主要集中在 6500m 以内），聚落减少数量也越多，这是由于城镇化发展，导致村落撤并；经济收入（农村居民人均可支配收入）数据则可以明显看出，收入越低，其聚落减少数量越多，表明从村民自身角度，经济收入达不到预期时（主要与周边村镇进行对比），则更愿意选择搬迁的方式进行改变（图 4-23）。

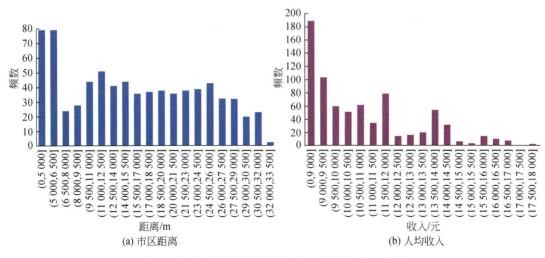

图 4-23　聚落减少空间点的核心影响因素情况统计

3）旅游发展对溧阳乡村聚落重构的影响作用突出。在两个模型中，景区距离对于聚落减少（10.9%，负贡献）与聚落增加（31.0%，正贡献）均较为显著，凸显出具有良好旅游条件的聚落在过去以及未来的发展中具有一定优势及潜力。主要表现为两个方面：维持原始聚落的格局与促进聚落适当集聚。依托于天目湖 5A 级景区、南山竹海 4A 级景区等优质的旅游资源的乡村聚落，逐步形成乡村旅游、休闲旅游带动的旅游特色型聚落。在近 10 年的发展演变过程中，聚落的空间格局传承与保护受益于核心景区的带动，当地居民也因经济收入的增长，更愿意保留其宅基地；同时，巨大客流量的消费能力激活了区域经济，带动了周边聚落产业延伸发展，促进了聚落空间肌理延续与聚落空间整合集聚。

第5章 村镇聚落可持续发展模式

5.1 村镇聚落可持续发展导向解读

乡村振兴战略时期，乡村发展迎来巨大的政策红利，国家政策对乡村发展的指导更为具体，逐步深入到土地制度、乡村建设、产业发展、金融服务、人才振兴等。本章整理了实行乡村振兴战略后（2017 年后）部分国家政策（表 5-1），梳理其中关于乡村发展的政策导向，以理解乡村未来的发展趋势以及优化重点。基于对政策内容的梳理，总结提出三大可持续发展导向，即产业发展多元化、空间利用集约化、设施配置专业化。

表 5-1 乡村振兴时期我国乡村发展的相关政策

时间	国家政策	具体内容	发展导向
2019	《国务院关于促进乡村产业振兴的指导意见》（国发〔2019〕12 号）	提出做强现代种养业，做精乡土特色产业，提升农产品加工流通业，优化乡村休闲旅游业，培育乡村新型服务业，发展乡村信息产业	产业发展多元化
2020	《全国乡村产业发展规划（2020—2025 年)》	提出推进农业规模化、标准化、集约化，纵向延长产业链条，横向拓展产业形态	
2021	《全国乡村重点产业指导目录（2021 年版)》	提出乡村重点产业的 7 大门类，约 70 项小类	
2017	《关于加快发展农业生产性服务业的指导意见》	提出大力发展多元化多层次多类型的农业生产性服务，带动更多农户进入现代农业发展轨道，全面推进现代农业建设	设施配置专业化
2018	《乡村振兴战略规划（2018—2022 年)》	坚持质量兴农、品牌强农，构建现代农业产业体系、生产体系、经营体系，推动乡村产业振兴	
2018	《农业综合开发扶持农业优势特色产业规划（2019—2021 年)》	提出重点扶持、连续扶持，培育壮大一批新型农业经营主体，着力打造一批农业优势特色产业集群，做大做强一批区域农业优势特色产业	
2021	《农业生产"三品一标"提升行动实施方案》	农业生产、品牌打造等	

续表

时间	国家政策	具体内容	发展导向
2017	《国土资源部 国家发展改革委关于深入推进农业供给侧结构性改革做好农村产业融合发展用地保障的通知》（国土资规〔2017〕12号）	鼓励农业生产和村庄建设等用地复合利用，发展休闲农业、乡村旅游、农业教育、农业科普、农事体验等产业，拓展土地使用功能，提高土地节约集约利用水平	空间利用集约化
2019	《自然资源部 国家发展改革委 农业农村部关于保障和规范农村一二三产业融合发展用地的通知》（自然资发〔2021〕16号）	提出盘活农村存量建设用地，腾挪空间用于支持农村产业融合发展和乡村振兴。在村庄建设边界外安排少量建设用地，实行比例和面积控制	

5.1.1 产业发展多元化

乡村非农产业可以增加乡村就业、促进乡村居民收入增长，对人口非农化、乡村土地流转、农业生产效率提高有积极的正向溢出效应（韩炜和蔡建明，2020）。现今各地乡村逐渐以现代农业为载体，以新兴产业为主导，打造乡村多元业态（图5-1）。其中，乡村发展的第一产业不断朝着现代化、特色化方向提升，在确保国家粮食安全，以及严格控制基本农田、耕地红线的基础上，第一产业空间也作为乡村优质生产生活的重要场景和载体。乡村第二产业则通过科技革新，逐步对传统低收益的农产品加工进行升级，发展深加工或规模化经营降低成本，通过不断延长产业链，增加产品附加值提高经济收益。乡村第三产业是近年来新兴的乡村产业，一般借助乡村优质的环境、特有的文化，带动农耕体验、乡村旅游、研学艺术等。

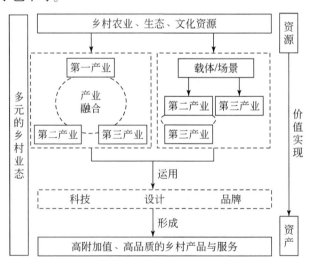

图5-1　乡村多元业态发展示意

资料来源：叶红等（2021）

5.1.2 空间利用集约化

在乡村振兴战略背景下，村庄生活空间重点聚焦在居民点建设上。而在新型城镇化的影响下，我国村庄大多因低收入、太偏远等原因，导致村庄常住人口持续流失。然而原本乡村的建设用地并没有因此而减少，导致我国大部分村庄人均建设用地基本都处于严重超标状态，乡村空心化、生活用地不集约成为当前村庄的普遍现象（赵明等，2020）。因此，站在空间规划优化角度，聚落空间集约化是当下我国村镇聚落空间发展的基础，保持合理的集约化程度，保证一定的用地建设规模，加强各类用地间的关联性，达到一定的土地利用强度，才能实现集群效应和规模效应，满足聚落空间发展与设施需求的同时，实现空间利益最大化。生活空间的集约化有利于聚落公共服务设施与相应基础设施的配置，是居民生活质量提升的重要保证。

5.1.3 设施配置专业化

长期以来，城乡二元结构致使我国农村公共品供给严重不足，在农村公共服务设施、基础设施方面的资金投入较少，村庄的配套设施建设较为落后，滞后于经济社会的发展。分散的家庭经营模式，低效率的传统农业生产，导致村庄建设在很长一段时间内处于自然演变状态，缺乏必要的配套设施，产业发展缓慢。因此，在 2008 年中央一号文件中再次强调，城乡基本公共服务均等化是构建社会主义和谐社会的必然要求（胡畔等，2010），乡村公共服务设施配置完备成为聚落空间发展的必要趋势。生产生活便利是村镇聚落空间发展的根本要求，且主要从设施配置完善程度方面体现。因此，当下村镇聚落既要满足村民对于生活类设施的多种需求，也要结合多元产业发展，引入各类专业生产设施、旅游服务设施，提升服务水平，促进乡村产业的发展。

5.2 农业升级型可持续发展模式

5.2.1 模式分类

农业现代化是世界农业发展的共同趋势（张克俊，2011）。而在中国，已经连续七年在国家中央一号文件中提到发展现代农业，也在 2021 年中央一号文件发布后，成为全面推进乡村振兴工作的重要内容。因此针对以农业为主的农业升级型村庄而言，农业现代化必定是该类型村庄产业发展的基础性要求。广义的农业包括种植业、林业、畜牧业、渔业和副业（中国大百科全书出版社编辑部，1987）。而农业在一定的自然条件和社会经济条件下，会产生农业地域类型。王亚辉等（2020）则根据不同区域耕地利用方式的差异划分出都市农业区、集约农业区、平原主粮作物区和山地主粮作物区，共计 4 种农业类型区，不同农业类型区内的生产用地上将进行不同的农业生产活动。任婷婷和周忠学（2019）则聚焦城镇化地区的农村，通过指标体系构建与实际案例的测算，发现该区域农业类型转型能有效促进生态系统服务价值和农户福祉的提升，也从侧面反映出特定区域环境下的村庄有更适宜的农业发展类型。辛岭等（2021）通过构建农业农村现代化的指标体系，揭示我国各省（自治区、直辖市）农业农村现代化发展的区域差异特征。具体包括依靠特色农业、功能农业及生产农业优势助推农业农村现代化的生产引领型，以及通过服务规模化、组织化方式推动农业农村现代化的经营引领型等在内的六大类，从而总结出我国农业农村现代化存在区域非均衡性和低质同构化问题，也从侧面反映出农业现代化与正向空间相关性的现象。此外，还有以"胡焕庸线"为界划分我国农业现代化水平与分异特征，从农业投入水平、产出水平、可持续发展水平和农村社会发展水平4个分维度指标揭示我国农业现代化发展水平地域分异的客观规律，并分类提出农业现代化发展方向（龙冬平等，2014）。

综合相关研究综述，基于我国不同区域特征下农业产业的差异化，为拓展现代农业产业体系，分类促进农业产业发展，实现我国农业的多功能开发（张克俊，2011），将农业升级型村庄进一步细分为规模农业模式、特色农业模式和复合农业模式三类，其划分逻辑如图5-2所示。

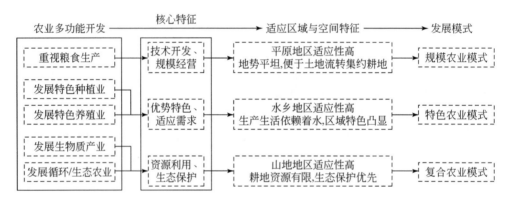

图5-2 农业升级型乡村聚落发展模式划分

5.2.2 规模农业模式

规模农业模式是指通过土地集中流转、集中经营，实现以粮食作物规模化生产为主的发展模式。规模农业的具体形态包括合作社、公司化基地、家庭农场等（吴少文，2014）。从农业经营角度来说，较好且统一的农产品品质是农业发展的基础性特征，而在此前提下，采购商会更倾向于有产量保障、流通更便捷的规模化生产区域（龙冬平等，2014）。而从发展模式来说，规模农业选择规模化生产的主要发展方向，是在高新技术和先进设施装备的支撑下，在"以工哺农"的制度保障下追求经济、生态、社会效应的农业生产经营形态（丁慧媛，2021）（图5-3）。规模农业模式的村庄农业升级主要的关键词是规模量产、设备投入。通过有先进自动化的生产机械投入使用的规模化生产，提高农业生产效率与生产产量，实现村庄农业转型升级，从而加强该类村庄农业的市场竞争力，实现产业兴旺的发展目标。因此，在本次研究中规模农业模式的村庄基本以选取平原地区村庄为主（图5-4）。

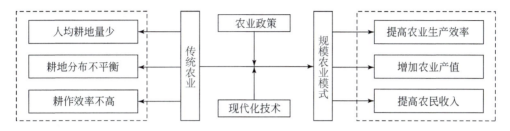

图5-3　规模农业模式发展路径

图5-4　规模农业模式下村庄空间特征

具体到空间需求上，村庄重点的农业产业发展工作集中在生产空间，需要大量且成规模的农业生产空间来满足基本的粮食生产需求。同时希望通过利用现代化农业生产科技与机械，实现耕地规模化生产。而为实现耕地规模化，就势必会打破原有生活空间与生态空间布局，同时原本破碎分散、耕地与园地混合的生产空间也需要整治优化。地势平坦、耕地占比相对较大平原地区更符合规模农业的发展模式。地势平坦便于投入更多的生产机械进行自动化、智能化作业，规模化生产；耕地占比相对较大则利于通过土地流转整合耕地，形成一定规模的合作社或公司化基地，实现规模化生产对于产量的基本要求。其中，生态空间在保证生态功能较强的林地、草地、湿地、河流水面、湖泊水面等地类不减少的前提下，科学评估生产发展需求与生态空间侵占的利弊，合理增减生态空间。生产空间则以满足现代农业生产需求为先，提高农业生产效率。将原有散乱布局的生活、生态空间集约化布置，重点增加村庄生产空间规模，打破农用地斑块空间限制，增加有效耕地面积；完善农业生产设施建设，修建田间道路，提高机械作业服务范围。生活空间则集聚兼并，选择交通区位条件优势区域，将现状大量零散居民点逐渐集聚成新建的集中式农村社区。同时高效利用生活空间内部的存量空间，促进村庄生活空间集约高效（图5-5）。

以成都市战旗村为例，该村是典型的规模农业发展模式下的乡村聚落。战旗村位于四川省成都市郫都区唐昌镇西部，距离成都市40km，是成都市"绿色战旗·幸福安唐"乡

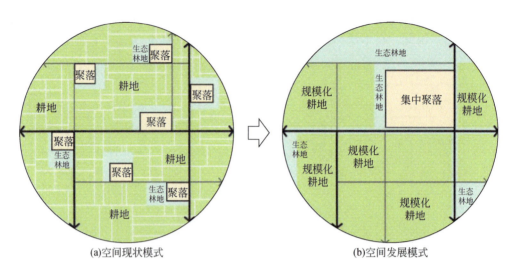

(a)空间现状模式　　　　　　　　(b)空间发展模式

图 5-5　规模农业模式优化示意

村振兴博览园核心区。全村面积 5.36km², 耕地 5441.5 亩, 辖 16 个村民小组, 1445 户, 4493 人。战旗村跳出传统农业的优势路径, 2003 ~ 2007 年, 战旗村多次进行土地整理, 全村 90% 以上的农户加入合作社, 80% 以上的农户承包地进行了流转, 80% 以上的流转土地实现了集中经营, 2018 年建成绿色有机蔬菜种植基地 1800 余亩, 集聚企业 16 家, 吸纳就业 1300 多人, 全面提升现代农业附加值。2019 年, 村集体资产达 7010 万元, 集体经济收入 621 万元, 村民人均可支配收入 3.24 万元。先后荣获 "全国科技示范村" "全国乡村振兴示范村" "四川集体经济十强村" 等荣誉称号, 2018 年 10 月, 农业农村部将战旗村推介为 2018 年中国美丽休闲乡村。

5.2.3　特色农业模式

特色农业模式是指以充分利用区域优势, 发展特色种植业、养殖业, 从而满足城市多方面农产品需求的发展模式。特色农业是利用村庄自身的资源禀赋, 构建产业链条, 集聚产业资源, 推动村庄农业生产性服务业发展, 从而为实现农村产业转型, 发展新业态打基础的农业发展模式。其核心目的在于有效利用地方的稀缺特有资源, 提高产品的附加价值 (詹有为等, 2022), 逐渐让村庄发展成为高度的市场化、卷入农产品市场的专业村, 是推动农业产业化、农业经济现代化的重要路径 (图 5-6) (石大立等, 2014; 贺雪峰, 2019; 夏柱智, 2020)。而对于市场而言, 特色农业本质上依据市场经济的要求发展起来的具有鲜明独特产品品质和地域生产特征的市场化、高效化农业 (吴海峰和郑鑫, 2010), 既需要具有一定规模优势, 也需要多元化的生产类型, 提高农产品的品牌优势和市场竞争优势。因此, 在本研究中特色农业模式的村庄基本以选取水乡地区村庄为主 (图 5-7)。

具体到空间需求上, 特色农业模式的村庄农业升级主要的关键词是适度规模、特色多元。拥有成片的养殖水面和水田存在的水乡地区更符合特色农业的发展模式。该类村庄包

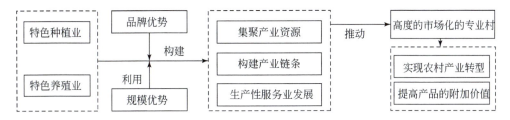

图 5-6　特色农业模式发展路径

图 5-7　特色农业模式下村庄空间特征

含特色的水产养殖和蔬果花木种植，且可以快速与城市或者其他区域进行经济交易，高效化将特色作物投入市场，满足外界需求。特色农业模式下，村庄以特色种植与特色养殖业为主，相较传统农业而言，在市场竞争中特色农业一定程度上具有较高的品牌优势与规模优势（李金良和贺洪海，2000）。由于该发展模式下的村庄大部分属于水乡型村庄，水网密布、靠近水面是该类村庄的主要特征，生态空间呈现出"渗透式"的空间结构（赵毅等，2021），生态空间的维护也需要关注。但也正因此特征，村庄内出现了以圩田、鱼塘、水田等高级农田的生产空间，内含的生态循环生产模式也是当下农业科学的发展趋势之一。其中，生态空间在维持村庄特有的生态格局不被破坏的前提下，优化升级生态空间两侧用地，提高其生态功能性，更利于保护稳固村庄现有依托水网形成的生态格局。生产空间则需要分组团整合用地，通过水网划分成多片相对集约的生产组团，整合农用地类型，满足村庄特色作物生成需要。生活空间整体布局相对成熟，重点需要突出地方特色，保持原有村庄聚落的基本格局，不破坏水乡地域特有的村庄肌理。为保护水系，满足生产，缩减超量的生活空间，沿着水系织补保留聚落的可利用空间，维持生活空间与生产、生态空间的平衡状态（图 5-8）。

以江苏省平园池村为例，该村在特色农业发展模式下取得了突出成绩。平园池村隶属于江苏省如皋市城北街道，全村共有 24 个村民小组，耕地面积 3584 亩，996 户，人口 3349 人，其中非农人口、外来人口 100 多人。2014 年，平园池村被列为江苏省农业综合开发高标准农田建设试点，在上千年的莲藕种植传统基础上，该村继续发展莲藕产业，打

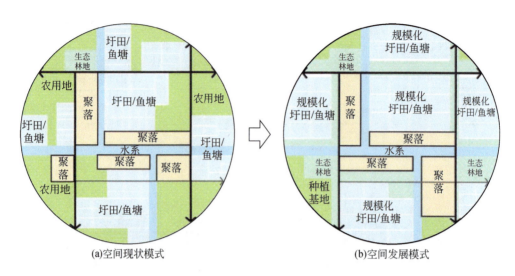

(a)空间现状模式　　　　　　　　　(b)空间发展模式

图 5-8　特色农业模式优化示意

造荷花景观，通过流转土地，引进各类观赏型荷花，进行规模化莲藕种植，打造成千亩生态藕池文化园，2019 年，全村莲藕种植面积近 1200 亩，荷花、莲子深加工、荷叶茶、藕粉等项目接续形成生态产业链。2021 年，村集体经济收入 267.5 万元，农民人均收入 3.37 万元。平园池村先后获得"中国美丽乡村百佳范例""中国农民丰收节 100 个特色村庄""江苏最美乡村""省级休闲农业精品村""省级水美乡村""省级创业型村""省级特色田园乡村试点村"等称号。

5.2.4　复合农业模式

复合农业模式是指以生态经济学为指导，在村庄生产空间内有机结合林业与农业，更加高效地利用土地进行生产的村庄。从村庄整体发展角度来看，复合农业是推动乡村环境建设与村庄产业经济开发相结合，促进产业生态化与生态产业化融合发展的有效途径（冯应斌和龙花楼，2020）。而从时间空间维度来看，复合农业主要是利用农副产品多元的生长周期与生长需求，复合利用有限的生产用地，调整农业结构，构建绿色有机、互惠共生的农业生产模式（赵其国等，2013）（图 5-9）。复合农业模式下，村庄通常处于山区之中，生产空间紧缺，而生态环境敏感、脆弱，因此村庄生态空间相对最为重要，需要严格管控。任何过度的农村开发建设都可能导致生态空间出现问题，甚至破坏宏观区域的生态安全格局，也由此出现"退耕还林"的发展导向（Sun et al., 2016）。合理地选择经济林地与高效利用仅有的生产空间则变得非常重要。因此，在本研究中复合农业模式发展的乡村聚落基本以选取山地地区村庄为主（图 5-10）。

具体到空间需求上，复合农业模式的关键词是兼顾生态、立体共生。是在土地资源有限且生态环境需要保护的前提下，利用不同农作物的生产特性差异，组合生产，实现"一地多用"以及"一年多收"的目的，从立体空间上实现了土地集约化。生态屏障，坡地

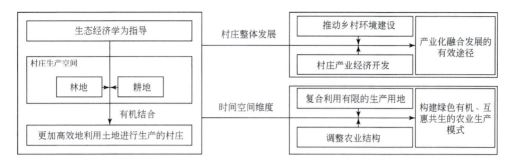

图 5-9　复合农业模式发展路径

图 5-10　复合农业模式下村庄空间特征

较多，耕地偏少的山地地区和部分丘陵地区更适宜复合农业的发展模式，无论是梯田还是经济林地，均是复合农业发展的潜力区域，同时山区生态环境需重点保护的特点也正是复合农业构建的出发点。其中，生态空间整体村庄在满足村民合理需求的前提下，空间优化优先生态空间扩张，将非农业生产或低效农业生产的土地进行生态修复，适地适树，保证山地区域森林质量与规模。生产空间则需要择地复合，利用植物不同的生长特性造就的土地地上、地下的相互作用，以及不同作物及禽类之间的物质能量流动，在有限的土地进行复合生产、养殖，具体包括林下养殖、立体种植等模式，从而实现"一地多产"。而生活空间秉持增存并举、精准补偿的规划思路（熊耀平等，2021），既要整合扩张一定的生活空间，形成相对集聚的聚落，又要将低效的建设用地复垦，补偿生产与生态空间，逐渐改变小规模聚落分散布局的不良格局，有序优化村庄整体聚落格局（图 5-11）。

以福建省客寮村为例，该村在复合农业模式下发展成效显著。客寮村是福建省云霄县西北部马铺镇下辖的一个行政村，位于矾山脚下，全村总人口 2318 人，共 536 户，村总面积 6300 亩，其中耕地面积 1100 亩，山地面积 5200 亩，土壤疏松肥沃，有机质含量 3.87%。在复合农业发展模式下，全村现有淮山面积 4000 亩，占村总面积的 63.4%，2012 年 11 月 21 日，农业部认定客寮村为第一批全国一村一品示范村镇（马铺淮山），2020 年 11 月 20 日，农业农村部推介客寮村为 2020 年全国乡村特色产业亿元村。该村于

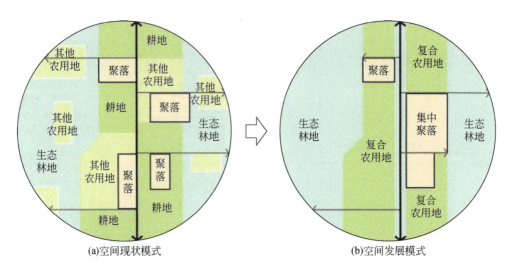

(a)空间现状模式　　　　　(b)空间发展模式

图 5-11　复合农业模式优化示意

2020 年入选全国乡村特色产业亿元村名单。2011 年马铺乡农民人均收入为 4923 元，而以淮山为主导产业的客寮村农民人均纯收入可达到 7126 元，其中淮山纯收入占总收入的76%，淮山已成为客寮村发展致富的一项主导产业。

5.3　产业变革型聚落可持续发展模式

5.3.1　模式分类

　　村庄分类是国土空间规划的基础内容，也是乡村振兴战略中全域土地整治和村庄规划的必要前提（李裕瑞等，2020）。由于乡村发展受多种因素影响，其分类标准不一、类型划分多样。乡村理论研究层面，有学者从产业构成将乡村分为农业主导型、工业主导型、商旅服务型和均衡发展型，也有通过地理条件分为平原、山地等类型（刘彦随，2011）。也有学者将村庄产业组织形式划分为龙头企业带动型、专业市场带动型及合作组织带动型三种（郭晓鸣等，2007）。乡村建设实施层面，国家及各省市也就村庄分类出台相应的村庄分类方案。其中《乡村振兴战略规划（2018—2022 年）》明确将村庄划分为集聚提升类、城郊融合类、特色保护类、搬迁撤并类四大类型。然而现有分类体系尚未就村庄分类的原则、标准、边界等实践细则达成统一，难以准确指导实践工作展开，尤其基于产业发展相关的分类，缺乏较为明确的说明，未能很好区分各产业类型的乡村。

　　本研究参考《全国乡村重点产业指导目录（2021 年版）》（表 5-2）的乡村重点产业并结合实际生活中乡村业态发展情况划分为三种类型。其中，《全国乡村重点产业指导目录（2021 年版）》将乡村重点产业分为 7 大类，约 70 项小类。由于现代种植业未发生产业变革，但同样和第二、第三产业息息相关，本研究重点为农产品加工业，农产品流通业，乡村制造、农田水利设施建设和手工艺品业，乡村休闲旅游业，乡村新型服务业，乡村新产业新业态这六大类，同时将现代种植业也纳入一定的研究。

表 5-2　全国乡村重点产业指导目录

一级分类	二级分类	具体类型
现代种植业	规模种养类	稻谷、豆类种植和牛羊饲养等
	优势特色种养业	薯类、蔬菜、烟草、林木等种植以及马、兔的饲养
农产品加工业	粮食加工与制造业	稻谷、豆类加工及豆制品制造
	饲料加工业	宠物饲料等加工
	粮食原料酒制造业	酒精、白酒、啤酒等制造
	植物油加工业	植物油加工
	果蔬加工业	蔬菜、食用菌加工，蜜饯制作等
	……	……
农产品流通业	农林牧渔及相关产品批发	谷物、豆及薯类批发以及牲畜批发等
	农林牧渔及相关产品零售	粮油、果品、蔬菜零售等
	农林牧渔及相关产品运输	铁路货物运输、冷藏车道路运输等
	……	……
乡村制造、农田水利设施建设和手工艺品业	肥料制造	氮磷钾肥等
	农兽药制造	化学农药制造等
	渔业养殖捕捞船舶制造	金属船舶制造等
	乡村手工艺品	针织或钩针编织物织造、手工纸制造等
	……	……
乡村休闲旅游业	乡村休闲观光	休闲观光活动
	乡村景观管理	动物园、水族馆、植物园管理服务等
	农家乐经营及乡村民宿服务	民宿服务等
	乡村体验服务	旅游客运、洗浴服务等
	……	……
乡村新型服务业	农资批发	种子、化肥批发等
	农林牧渔专业及辅助性活动	种子种苗培育活动等
	农林牧渔业专业技术服务	气象服务、检测服务等
	农林牧渔业教育培训	中等职业学校教育、普通高等教育等
	农林牧渔业知识普及	互联网接入及相关服务、文化会展服务等
	……	……
乡村新产业新业态	生物质能开发利用	生物质液体燃料生产等
	农林牧渔业信息技术服务	互联网生产服务平台等
	创业创新服务	创业投资基金、金融信息服务等
	……	……

资料来源：根据《全国乡村重点产业指导目录（2021 年版）》整理绘制。

如图 5-12 所示，通过对乡村重点产业总结归纳，结合产业链条"生产加工—物流运输—市场服务"环节分析，将乡村产业发展类型分为农业加工模式、商贸流通模式以及新型服务模式三大类。其中农业加工属于产业链条的生产加工环节，受物质资源以及技术水平影响较大。商贸流通属于物流运输环节，受交通运输、区位条件影响较为明显。新型服务是利用现代技术手段以及响应新时期市场需求，发展地方特色产业，如手工制造业等，倾向于衔接对外市场和保障服务质量。

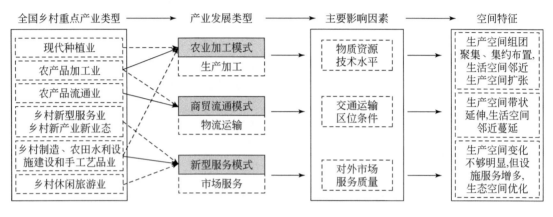

图 5-12　产业变革型乡村类型发展模式划分

5.3.2　农业加工模式

农业加工型乡村是指该类型乡村充分利用区域的资源禀赋、技术优势，通过对农畜产品等的加工来培育农产品产业链，从而实现经济的快速增值。该类型村庄是在农业现代化背景下产生，村民往往从事特色种养业、加工业等，村庄产业类型包含农产品加工，如茶叶加工、食用菌生产加工以及棉制品的生产等（图 5-13）。农业加工模式以高效、可控为导向完善产业链中的生产端和产出端，根据区域生产力，加大专业功能分化。生产端方面，以高标准农田构成的空间格局为基础，结合本地气候、土壤、水资源等自然生态条件，建设大规模现代化生产基地，通过物联网、电商平台与销售市场直接连接，实现产供销一体化，并引进自动化技术和优良作物品种；村民主要从事粮油、花卉、果蔬等作物生产以及产品加工；同时依托企业相关设施，建设种植大户、家庭农场，周边设置农技培训中心以强化居民的专业技术和知识技能。产出端方面，以物流园、加工企业、农业科研为核心开发，引导城市资金、技术、设备、人才向该区域转移；周边配套建设农业专业合作社和农业综合生产园以加快产品流转速度；同组团各司其职，形成"市场+龙头企业+合作组织+农户"的经营模式，大力发展以农业生产为中心的精加工、物流运输、技术研发、产品创新等产业（图 5-14）。

从空间发展来看，产品加工型村镇聚落应采用集中与分散有机结合的空间布局。因为产品加工需要特定设备器材以及相应的生产资料，故生产空间往往集约布局于物资条件较好的位置，空间呈现组团拓展趋势。生活空间邻近生产空间扩张，生态环境变化较小。随

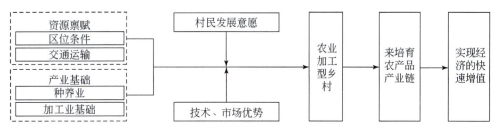

图 5-13 产品加工模式发展路径

图 5-14 农业加工模式下聚落空间特征

着乡村进一步发展，加工生产更加快速高效，产业更为注重品牌化，甚至升级转移至乡镇、县域的工业园区。在中心居民点周边规模化有序化布局，与次要居民点优势互补，并在轴线上加强次要居民点与主要居民点之间的交通与功能联系。整体空间结构呈多核心发散发展。以中心居民点和加工组团构成的复合空间为功能、服务辐射的中心；周边零散居民点结合其他混合功能设施布局成次级组团，或是通过归并、置换的方式形成小型园区等利于农业发展的设施。各级组团应保持适当规模，在各有侧重分工的同时加强要素的内外交换（图 5-15）。

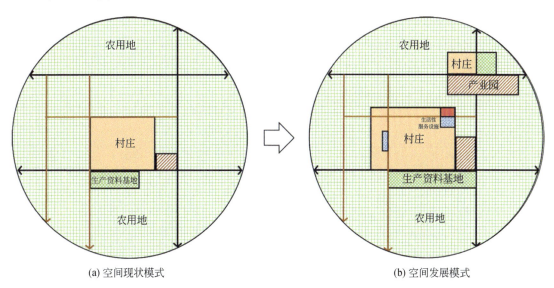

(a) 空间现状模式　　　　　　　　　(b) 空间发展模式

图 5-15 规模农业模式优化示意

以辽宁省方巾牛村为例，该村是典型的采用农业加工模式发展的乡村。方巾牛村隶属于辽宁省沈阳市西部的新民市大民屯镇，距沈阳市 50km，距市区 15km，距镇区 7km，102 国道北侧，常住人口 2810 人，801 户，现状建设用地 112.47hm²，人均用地面积 400.25m²。方巾牛村耕地面积 9203 亩，其中棚菜生产占地面积 6400 亩，为"沈阳棚菜第一村"，是沈阳市绿色食品生产基地。2010 年，全村 1.2 万亩土地全部由村集体实现流转，又先后从周边新庄、后栏杆等村流转土地 5000 亩，全部用于棚菜生产，实现了集约规模经营。2012 年，全村实现了温室大棚全覆盖，成为名副其实的"北方寿光"和"东北棚菜第一村"，充分利用设施农业现有的规模优势，围绕"生态、绿色、健康"理念和都市现代农业发展方向，积极引进辽宁绿立方农业发展股份有限公司，推进产品标准化、品牌化、产业化，大力实施种植品种换代升级，建设蔬菜研发中心、物流配送中心、农产品深加工中心。2012 年农业部认定方巾牛村为第一批全国一村一品示范村镇（辽绿蔬菜），2020 年农业农村部推介方巾牛村为全国乡村特色产业亿元村。

5.3.3 商贸流通模式

商贸流通型乡村是指该类型乡村充分利用交通区位优势，对农副产品进行分选、包装、冷链仓储等产后商品化处理并运输至外部市场，形成农产品交易、配送等生产性服务。在电子商务发展迅猛的今天，乡村市场区域范围扩大，村民能通过电商平台和更为广阔的潜在客户交易，物流系统的完善也使得货物运输更为便捷，以"淘宝村"为代表的商贸流通型乡村不断涌现，占比持续扩大（曾亿武等，2015）。据统计，2021 年全国 28 个省（自治区、直辖市）共出现 7023 个淘宝村，连续四年增量保持在 1000 个以上[1]。"淘宝村"等新型商贸流通型乡村的物质流、人流、信息流、技术流组织较为复杂，往往借助交通区位优势进行对外产品输出（杨思等，2016；张英男等，2019），其中有主营物流运输的商贸流通型乡村，也有部分乡村同时承担一部分农业生产功能，即结合生产加工、物流运输发展乡村产业（图 5-16）。在这种模式下，乡村发展极其注重供需效率，常常通过电子商务方式进行网上接单，白天生产加工，到傍晚统一进行物流派送，故也深刻改变了

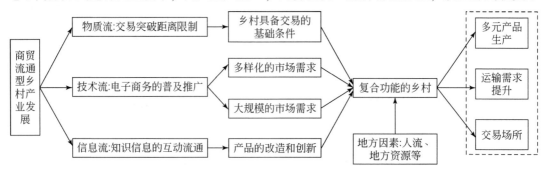

图 5-16 商贸流通模式发展路径

---

[1] 资料来源：阿里研究院、南京大学空间规划研究中心分析。

村民们生活生产方式。这种"类城镇化"的生产节奏使得社会网络结构发生重构，如乡村的晚间也不再是早早休息，而开始有了夜宵、餐饮以及娱乐服务等，同时乡村空间也进而发生改变，餐饮服务涌现、物流运输设施急剧增加，大量交通车流出现（图5-17）。

图 5-17　商贸流通模式下聚落空间特征

从空间上看，商贸流通型乡村的产业发展极大依托于快速的对外交通，因此该类型乡村在空间上呈现沿着交通干道带状发展的趋势。同时为避免影响原村民正常的生活，生产空间常布置于原村落的外围，生产性道路和生活性道路有机分离。随着乡村发展，商贸物流带状形态扩大，形成一个小型生产生活聚落，并不断融入原聚落空间。在生产运输导向下，乡村生产趋向于生产流通一体化、配送集成化，生产空间沿着交通干道线性延伸。乡村生活空间进行整合，小型居民点可通过归并、置换的方式集中布置于核心聚落周边，聚落空间集约化带状发展，并向相邻的村落聚集（图5-18）。

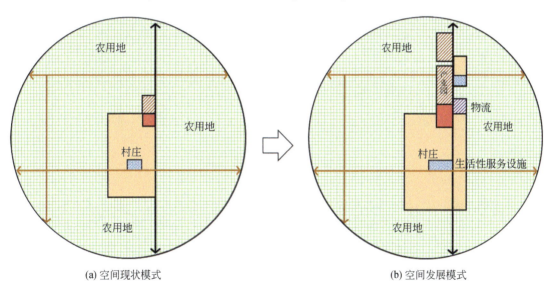

(a) 空间现状模式　　　　　　　　　　　　(b) 空间发展模式

图 5-18　规模农业模式优化示意

以山东省曹县大集镇孙庄村为例，该村是典型商贸流通模式下的"淘宝村"。孙庄村位于曹县东南部，大集镇西南，京九铁路东700m，祖辈靠种植五谷杂粮来维持基本生活。

孙庄村从 1993 年以前以种植甜秫秸而得名"甜秫秸孙庄"，到 1993 年以后改为蔬菜大棚种植，称为"蔬菜孙庄"，又到 2013 年接触电商以后，称为"淘宝孙庄"。2019 年全村电商销售额突破 1 亿元，全村网店 1200 余家，天猫店 200 余个，表演服饰有限公司 160 余家，建设了光伏发电站、扶贫车间、"淘宝"辅料大市场和"淘宝"一条街。2020 年 12月，孙庄村入选山东省 2020 年度省级文明村镇社区名录；2020 年 9 月，阿里研究院公布2020 年度淘宝村，孙庄村榜上有名；2021 年 10 月，孙庄村上榜由南京大学空间规划研究中心、阿里研究院联合发布的 2021 年淘宝村名单。

5.3.4 新型服务模式

新型服务模式是指基于地方特色，发展如手工制造、农耕体验服务、农业专业服务等小微型、生态型产业的发展模式。该类型乡村产业类型更为宽泛，常常出现第二和第三产业交叉融合的情况，如借助实体产业（如手工艺品生产销售等）带动乡村特色服务业发展（乡村旅游等），为更好解析此类产业交叉融合的乡村，将其统一定义为新型服务型乡村。该模式与皮埃尔（Piore）和赛伯（Sabel）于 1984 年提出的柔性生产理念相契合（盖文启和朱华晟，2001）。柔性生产指生产过程具有极强的快速反应能力，主要特征包含小批量、多品种、短周期、低成本等。现今随着产业的发展，更为生态绿色、低污染的产业在乡村"开花结果"，新型服务型乡村，尤其是发展手工制造产业的乡村，其产业发展具有柔性生产的特征，相比于传统工厂中大批量生产、标准化生产，柔性生产是当下全新的专业化生产、分工方式，能很好地与居民日常生活互融互动（图 5-19）。

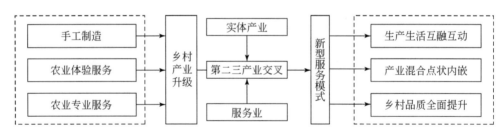

图 5-19　新型服务模式发展路径

从空间发展上看，新型服务模式下的乡村空间格局常出现点状内嵌的形态（图 5-20）。由于该类型乡村的特色产品多为手工制作，生产较为绿色，污染小，常常和居住功能合并，出现产居混合情况。原纯粹住宅空间或改造利用为民宿，或进行农家乐改造，或植入手工艺生产功能。与其他发展模式相比较，新型服务模式与市场需求关系更为密切，由于生产空间多为小微型、生态型，基本不存在"环境排他性"，与其他功能兼容性高，常常在生活空间中出现生产功能，形成复合型功能。

以江苏省昆山市张浦镇金华村为例，该村是采用新型服务模式发展的典型代表。金华村区域面积 3.4km²，有 26 个村民小组，14 个自然村落，1003 户农户，总人口 3591 人。2011 年，金华村出资 550 万元，与各自然村共同成立公司，同时依托自身资源优势，突出

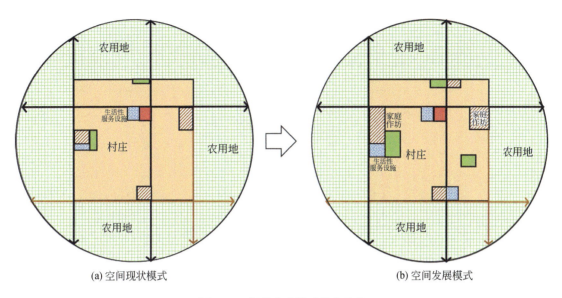

(a) 空间现状模式   (b) 空间发展模式

图 5-20　规模农业模式优化示意

培育村级特色产业，为传承、发扬金华腊肉制作工艺，成立金华村腊肉协会，全村共有150 多户村民入会，2020 年春节期间，全村共销售腊肉约 3 万箱，实现销售收入 1200 万元，"金华腊肉" 品牌产品已端上千家万户的饭桌。金华村从昔日负债村变身如今村级稳定性收入超 2000 万元的经济强村，村民人均纯收入 4.7 万元，村经营性资产近亿元。该村先后荣获 "江苏省文明村" "江苏省生态村" "江苏省卫生村" 等荣誉称号。

5.4　休旅介入型聚落可持续发展模式

5.4.1　模式分类

从相关研究的分类方式来看，休旅介入型乡村分类模式较为多样化（表 5-3）。较常采用的方式是以旅游类型来界定乡村类型，即与乡村旅游的资源性质和旅游产品类型关系密切，如休闲观光类、农事体验类、农业科技类、文化体验类等；而其余类型划分方式的出发点有所不同，如按照主导主体和运作模式划分，分类最终目标多为提出运作模式，如政府主导型、企业主导型；以发展动因划分，多为梳理发展路径逻辑，提出发展问题和发展注意点，如自然耦合型、市场主导耦合型、政策主导耦合型等；此外，还有从地域视角进行类型划分，如水乡型、村落式集群模式、园林式特色农业模式、庭院式休闲景区模式、古街式民宿观光模式。综合来看，按照主导主体和发展动因的方式，与空间优化、功能配置等乡村规划要素的关联性均较弱，难以契合本底资源特征；而按照地域视角进行划分具有区域局限性，普适性上具有一定欠缺。

表 5-3　乡村旅游分类依据与目标

分类模式		分类依据	典型类型划分模式	分类目标	分类提出者
要素视角	旅游类型	资源性质与产品类型	休闲观光类、农事体验类、农业科技类、文化体验类和特色村镇类	旅游规划方法	夏林根（2007）
	主导模式	主导主体	政府主导型和企业主导型	运作模式	查爱欢（2015）
	发展动因	发展条件	自然耦合型、市场主导耦合型、政策主导耦合型、产业主导耦合型和逆向耦合型	发展路径逻辑与控制要素	何成军等（2019）
地域视角	地域特征	地形	水乡型	地形条件与空间关系	沈颖凯等（2020）
		地域范围	村落式集群模式、园林式特色农业模式、庭院式休闲景区模式、古街式民宿观光模式	地域性综合发展模式	马勇等（2007）

　　从旅游规划的思路上看，乡村旅游与游客体验的直接介质是旅游产品，开发何种旅游产品，并将其与空间关联是旅游发展的重要关注点，强调分析旅游资源确立产品在地性和特色性，分析旅游市场核验旅游品需求度和弹性，两者综合决定旅游发展方向。从旅游市场来看，全国旅游市场发展火热，乡村休闲旅游市场潜力巨大，各类休闲旅游产品都有巨大市场，还远远未达产品饱和的阶段（张振鹏，2020），前文运作机制也提到，乡村旅游的发展早已脱离外部市场拉动的阶段而转向资源开发引导需求的内外综合驱动阶段，市场在宏观层面上常在同一时间背景下具有高度的统一性，不受其他要素的过多干扰，普遍来说不易对产品类型产生根本性的影响，更多的是细化产品目标和特征。在旅游资源方面，乡村空间资源丰富多样，基于城乡空间资源的差异，大量乡村空间资源都对城市居民具有一定吸引力；而同时，大量乡村所具有的资源在宏观上又具有一定同质性，想要乡村旅游发展能够可持续，必须做到特色化乡村旅游资源与产品相互呼应，才能解决产业低端同质、空间功能不适配的现状问题。基于前文解析，不同空间、空间资源、资源利用模式与旅游资源、旅游产品存在紧密内部联系，而三者构成推动乡村空间重构的重要动力，进一步强调了乡村的发展必须依托自身各类资源性要素，尤其是特色旅游资源，作为旅游发展的内生动力和旅游特色化的基础。

　　综上分析，想要有普适性与可实施性，能够切实对乡村空间优化提出优化模式，需要满足体系与个体的产业特色融合的发展趋势。因此，更好的发展导向选择是从资源视角入手，基于本底特色资源打造旅游产品，进行优化和开发，同时依据上位规划、政策导向、周边发展情况、市场情况进行综合研判，对于发展导向进行修正和补充。故本章从主导资源视角进行分类对于乡村发展和规划优化研究都较为科学与系统，因此依据休旅介入型乡村旅游发展依托资源类型侧重方向，按照主导资源引导下的发展模式特征将休旅介入型乡村划分为生态休闲模式、特色田园模式、主题文化模式三种类型（图5-21）。

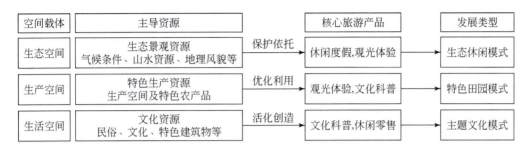

图 5-21 休旅介入型乡村类型划分

5.4.2 生态休闲模式

生态休闲模式指依托良好生态环境，大力发展休闲度假、观光体验游的乡村发展模式。该类型乡村本底生态环境良好，多有宜人气候条件，特色山水资源、地理风貌，聚落旅游发展主要对生态资源进行保护、修复和利用，依托良好的生态资源进行发展，重点发展品质特色民宿产业，打造高端特色生态民宿，大力发展生态观光、生态休闲体验、运动康养等特色产品类型，开发拓展康养主题项目，如温泉养生、体育运动等，打造有独特魅力的自然风景游线，形成独具魅力的自然风景区（图 5-22 和图 5-23）。

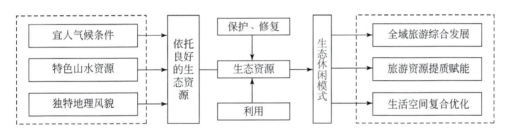

图 5-22 生态休闲模式发展路径

图 5-23 生态休闲模式下聚落空间特征

因此，生态休闲模式的乡村聚落要从"绿水青山就是金山银山"理念出发，把生态环境作为社会发展的内生动力，致力于通过环境保护及发展绿色经济来提高生产力，按照协调、清洁、循环、再生、绿化的理念优化产业布局，使聚落内生态环境保护与治理、资源分配与利用、产业聚集与联动同步并行。结合聚落周边及内部的风景区、自然林地水域等特色生态资源，充分利用"山、水、林、田"的资源禀赋优势，将自然与人工环境一体化布局；在聚落内部，开展生态观光体验，结合农业生产景观、特色农业产品等资源，发展以生态农业体验为主的产业，营造深居世外桃源的农家小院意向；建设方面重点更新住宅风貌，打造庭院空间，并塑造周边农田、果林、山水景观，展现原生态乡野风貌，使游客体验到最纯正的农耕文化。生态休闲模式强调生态主导，分散优化，旅游体系应当全域覆盖，游线串点。生态休闲模式下，聚落重构整体呈现分散化、低建设的特征，打造山清水秀的生态空间是乡村的亮点和核心竞争力，从其主导资源特性和旅游产品类型来看，生态景观资源具有分散性和广泛性，同时其生活空间主要承担旅游服务接待的作用，核心服务为住宿接待，与原始聚落居住空间具有高度复合性，故建设需求相对较小。同时因生态休闲型聚落的主要旅游产品为生态观览和度假体验，生活空间之外的景观空间是旅游体验的重点，范围较大，而聚落生活空间斑块内多为住宿接待设施，需要一定规模才足以支撑村域接待和旅游发展，使得聚落设施布置较密集（图5-24）。

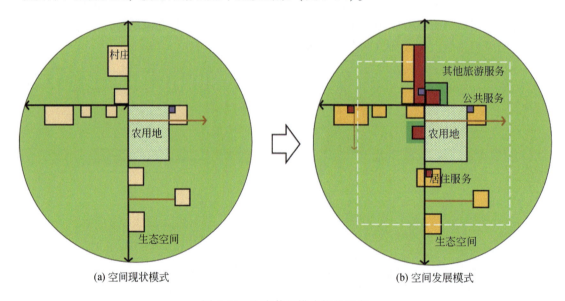

(a) 空间现状模式　　　　　　　　　　　　(b) 空间发展模式

图5-24　生态休闲模式优化示意

以江苏省苏州市树山村为例，该村是生态休闲模式发展的典型代表。树山村位于苏州高新区，处于大阳山北麓，与312国道、京杭大运河相邻，全村占地5.2km²，全村人口1822人，556户，村内山清水秀，山体植被保护完好，全村有"三山四坞五条浜"，全村自然资源丰富，历史文化底蕴深厚，文物古迹众多，近400户农家散落在青山怀抱中。2012年起，树山村按照地理环境和自然禀赋将树山村划分为南北两个片区，南部保留乡村生活场景，北部为品质旅游休闲区，山谷里一条1.6km的花溪沿树山路贯穿，"三山五坞"和梦溪花谷共同构建了树山"山林水田村"融为一体的特色生态。2019 年,树山村全年接待游客 93.5 万人次,实现旅游收入 1.46 亿元,树山村也先后获得"全国农业旅游示范点""国家级生态村""中国美丽田园""最美中国榜""全国文明村""江苏省文明村标兵""江苏省五星级乡村旅游区""江苏省三星级康居乡村""江苏最美乡村""苏州市美丽村庄"等荣誉称号。

5.4.3 特色田园模式

农旅融合模式指依托农业生产空间和特色农产品,重点发展农业观光体验、农业科普教育的乡村发展模式。这类乡村有相对较好的农业生产条件,村域有特色农业产业和农产品,依托农业产业基础,优化复合利用农业生产空间,充分发挥利用农业景观优势和特色产业优势,大力发展乡村田园观光、农事体验、农耕文化科普等特色产品类型,打造特色田园综合体,重点规划特色农业景观、特色农场、特色农庄等,引进开发文教科普活动,注重与高校等资源结合,打造季节性、分时段的农旅活动,形成特色品牌(图 5-25 和图 5-26)。

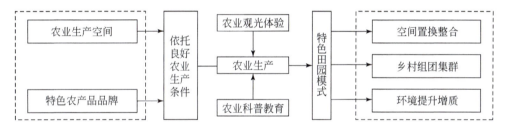

图 5-25　特色田园模式发展路径

图 5-26　特色田园模式下聚落空间特征

在特色田园发展模式中,应以特色生产为主线,整合置换,形成组团集群。在特色生产资源支撑下,旅游发展依据产业特色分区分片发展。结合村域产业用地状况和特色农产品种植需求，对生产用地进行整合置换调整，增加有效耕地、园地面积，形成具有一定规模、分区分片的特色产区。聚落建设与特色资源结合，居民点布局在产业分区的基础上，聚散并进，向各片区中向生产资料和较好交通条件、与生产资料距离较近、原始规模较大等有发展优势区域集中，形成各片区核心，集群式发展，部分零散地块考虑合理拆并或特色功能置换，根据生产空间资源特色打造旅游产品，在生产空间中增设部分旅游观览设施，形成生活生产高度融合的分片组团格局（图5-27）。

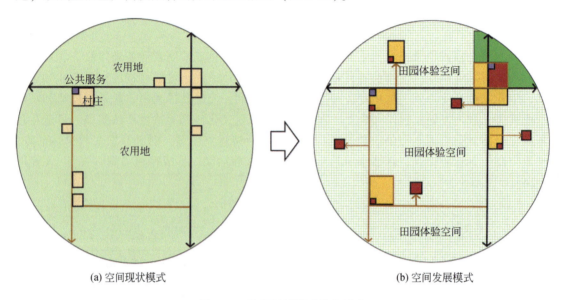

(a) 空间现状模式   (b) 空间发展模式

图5-27　特色田园模式优化示意

以浙江省湖州市安吉县递铺街道鲁家村为例，该村是特色田园发展模式的典型代表。鲁家村位于递铺街道的东北部，距离县城5km路程，面积16.7km²，人口约2100人。2011年鲁家村逐步完成了村庄绿化、村道硬化和污水治理等环境治理；2013年，中央一号文件提出"家庭农场"的概念，鲁家村开始推行集体土地流转，提出了打造家庭农场聚集区的理念，在全村范围内因地制宜打造了18个各具特色的家庭农场，并鼓励本村现有农户扩大产业；2015年，村里建起了30km绿道和4.5km的绕村铁轨，观光小火车串连起18个家庭农场，成为鲁家村一道独特的风景，鲁家村初步形成了全域景区化；2017年，鲁家村申报国务院田园综合体试点并成功被整体纳入田园综合体试点村建设。鲁家村以"公司+村+家庭农场"的家庭农场集群模式进行发展，2020年鲁家村集体资产增至近2.9亿元，全村人均纯收入达到47 000多元。此外，鲁家村先后获得"第二批全国乡村旅游重点村""全国乡村振兴示范村""中国美丽乡村精品示范村""全国首批国家田园综合体试点项目""中国十佳小康村""首批国家农村产业融合发展示范园"等荣誉称号。

5.4.4　主题文化模式

主题文化模式指依托乡村特色文化，重点发展乡村文化体验旅游的乡村发展模式。乡村特色文化内涵丰富，包含特色建筑物等物质文化资源以及手工艺、民风民俗、历史文化等非物质文化资源，在乡村不断发展、文化不断创新的发展态势下，因重要事件、村域产业等形成的与时俱进的新文化要素，也成为乡村特色文化的一部分。该类型乡村围绕文化资源进行活化、优化，功能丰富，特色鲜明。旅游产品上大力发展主题文化体验产品，重点发展文化展示科普、特色文化体验，文创产品打造、特色产品零售等，打造特色主题乡村（图 5-28）。

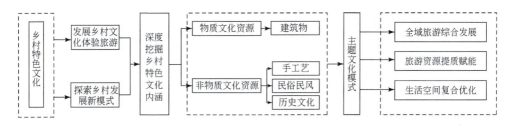

图 5-28 主题文化模式发展路径

对于主题文化这种资源强力引导空间重构的发展模式，发展中以协调生活空间向核心资源集聚为主。充分考虑文化集聚性、居民意愿、聚落空间建设条件，以各类文化核心载体为主要整合集聚扩张发展对象，基于周边生态生产空间的价值评价，合理调整用地，通过内嵌和蔓延连接零碎斑块，呈面状发展，形成聚落核心。同时从聚落文化出发，三生空间格局的文化内涵应重点保护。村域其他聚落可根据新聚落发展情况、村域零散聚落规模和居民意愿，进行一定的整合兼并，形成乡村新型社区，提升居民生活环境。主题文化模式聚焦于文化资源利用与活化，文化体验、文化展示等所需要的建设空间都相对其他类型较多，且文化资源对旅游开发建设有极强吸引力，在原始聚落可利用空间不足的情况下，文化资源集中、资源价值较高的生活空间集聚发展较为突出（图 5-29）。

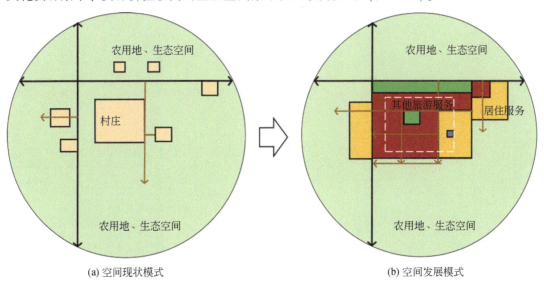

(a) 空间现状模式　　　　　　　　　(b) 空间发展模式

图 5-29 主题文化模式优化示意

　　以四川省成都市龙黄村为例，该村以"竹艺"为依托开展主题文化体验。龙黄村位于崇州市道明镇白塔湖附近，全村辖区面积 3.9km²，耕地面积 3995.2 亩，农户 681 户，共计 2377 人。"道明竹编"更是道明镇的特产，同时也是国家非物质文化遗产，国家地理标志性产品，村内以前居民以竹编为生。2017 年 10 月，龙黄村在考虑川西林盘生态、川西民居特色、当地风土人情等要素的情况下，当地政府和崇州文化旅游投资集团有限公司对龙黄村进行规划设计，摇身一变成为"道明竹艺村"。村里的产业提档升级，以前村里的竹编产品多是簸箕、竹篮、花篮等器具，将竹编运用到了更多场景，如建筑、家居、饰品、包包、户外装置等（图 5-30）；同时走上国际展示当代艺术的最高展会——威尼斯建筑双年展，作为"中国民间艺术（竹编）之乡"的代表，向世界传递着中国村落之美。2019 年该村第三产业产值为 2310 万元，人均可支配收入达到 3.2 万元，并先后获得"四川省首批天府旅游名村""四川省首批乡村治理示范村（社区）""四川省首批天府旅游名村""四川省实施乡村振兴战略工作示范村""成都市第一批非物质文化遗产项目体验基地""国家 4A 级旅游景区"等荣誉称号。

图 5-30　龙黄村竹艺文化展示体验空间

第6章 | 村域三生空间布局规划方法

"三生空间"是"生产空间、生活空间和生态空间"的简称。"三生空间"一词在学术界和行业内尚无专门的概念解释,其涵盖的3个内容词汇也均是较为通俗和宽泛的概念,综合人们通俗的理解和学术界的相关解释,基本上可以概括为:生活空间是人们日常生活活动所使用的空间,为人们的生活提供必要的空间条件;生产空间具有专门化特征,是人们从事生产活动在一定区域内形成特定的功能区;生态空间是具有生态防护功能,对于维护区域生态环境健康具有重要作用,能够提供生态产品和生态服务的地域空间。"三生空间"构成了完整的城乡人居环境,是城乡空间发展的基础。在城乡规划的学科研究和工作开展中,有必要进一步深入研究"三生空间"划定的科学方法,形成城乡规划新的参与国土空间资源规划的体系工具,针对规划的每一处空间对象确定合理的生产、生活、生态空间结构。乡村规划工作重点之一是统筹协调涉及空间边界的内容,形成乡村区域的生产、生活、生态空间结构性布局,最终确定适度合理的乡村集中生产、生活空间,保障农业生产空间和乡村生态空间,并通过乡村集中居民点建设规划的编制,对乡村生活空间进行细化落实,进而加快生态文明建设和新型城镇化建设,形成节约资源和保护环境的城乡空间格局,从而实现我国城乡空间的可持续发展。

6.1 乡村三生空间规划要素解析

乡村空间包含生产、生活、生态空间,具有自然、领域和功能复合等特点。"三生空间"是通过用地的主导功能来确定其空间划分的,具有空间尺度差异性、功能复合性、范围动态性等特征,在不同的空间尺度和区域功能视角下其划定是不同的。在实践应用中,"三生空间"在规划后期的实施落地中常常出现落实不到位、管理不明确的问题,为衔接国土空间规划、土地利用规划与乡村规划,考虑不同类型乡村空间发展的高度复合性等特征,强化动力影响下演变特征规律,从传统农耕乡村土地利用角度进行划分,所有功能复合性空间将在后续分析中结合功能进行单独论述。具体来看,生态空间包含生态林地等以提供生态涵养功能为主的用地;生产空间为提供农业生产功能的空间,因耕地在优化需求与保护需求上都与其他类型生产空间有所区别,故将生产空间细分为规模生产空间与其他生产空间,研究中涉及的第一和第二、第一和第三产业混合空间,均以原始土地功能进行划分为生产空间;生活空间是乡村建设空间,主要包含村民住宅用地、公共服务设施用地、商业服务业设施用地以及聚落内部绿地景观广场等。另外,为减少其他不相关因素的干扰,将重构受其他因素影响明显的城镇用地与工业产业用地等划为其他空间,将在本书分析中暂时不进行研究。同时,国家政策多次强调盘活存量空间,开展全域乡村闲置校舍、厂房、废弃地等整治,所以本书还将空间中未体现典型三生空间功能的用地且有待优化的用地，如荒地、闲置未利用地及废弃工矿、闲置建设用地等列为待优化空间。工业用地根据与旅游发展的相关性，划入生活空间或其他空间（表6-1）。

表6-1　乡村三生空间划分

空间类型		用地类型
生态空间		林地、草地、河流水域类用地
生产空间	规模生产空间	耕地类及相关设施农用地
	其他生产空间	园地类、经济类林地、养殖类及相关设施农用地
生活空间		村庄建设用地等
其他空间		道路交通用地、工业用地、城镇开发用地等
待优化空间		荒地、裸地、闲置未利用地及废弃工矿用地等

从研究重点来看，在国土空间规划、多规合一的规划导向下，三生空间的研究是乡村规划的重点，本书主要从用地规模转化和聚落结构两方面进行研究。在中微观层级，对于三生空间规模演变和相互转化关系的研究是探究乡村空间重构的内在关系，是研究乡村空间演变重构的重要方向。乡村聚落结构是一定经济发展水平下乡村聚落区域空间分布的综合反映，是乡村聚落空间内在关系相互影响的外在表现，最终形成新的村域空间布局。广义来看，乡村聚落结构包含了居民点组织构成、聚落分布、土地利用的丰富内涵，但在聚落层级，居民生活集聚区域仍为聚落结构研究重点。因此本书中，对于聚落结构主要着眼于两方面：一方面为生活集聚区外空间，即生态生产空间的结构演变，重点研究其形态结构变化，用以指引产业布局与修复整治；另一方面为生活集聚区，即生活空间的结构演变，重点研究其整体关系，用以结合各要素，构成村域规划的基础。

6.2　农业升级型聚落三生空间优化策略

6.2.1　生态空间底线控制

生态空间的提出与管控要求的逐渐强化是积极响应我国生态文明发展理念的集中体现。生态空间是以提供生态产品或生态服务为主体功能的空间，具体包括森林、草原、湿地、河流、湖泊等。根据重构规律研究，农业升级型村庄的生态空间整体上遵循控制底线的优化原则，在保证生态功能较强的林地、草地、湿地、河流水面、湖泊水面等地类不减少的前提下，科学评估生产发展需求与生态空间侵占的利弊，合理增减生态空间。其次，生态空间在形态上由散、小的布局现状优化成小规模成片的状态，一定程度上维持村庄层面生态空间的生态功能。此外，在生态空间布局上，可在村庄生活空间外围、在道路两侧增设生态林带，改善农村人居环境。

由于农业升级型乡村聚落的产业发展工作集中在生产空间，需要大量且成规模的农业生产空间来满足基本的粮食生产需求。在农业升级、重点发展现代农业的动力下，乡村聚落的产业发展工作集中在生产空间,而生态空间的优化调整在落实区域生态红线,保护自然水域、大型林地等生态空间的前提下,需要根据村庄实际情况进行适当腾挪转移,形成连片生态空间。在操作上,对传统用地格局中散落在生产空间内部及外围的小型林地进行整理,以利于形成连片耕地。此外,对于宅基地复垦后的用地,根据其所在区位,将靠近河流水域、大型林地周边的宅基地进行生态修复,适地种树,提升生态空间的规模与连续性。同时,需要提升与生活空间相关的生态空间品质,重点强化核心聚落周边的生态空间质量(图6-1)。

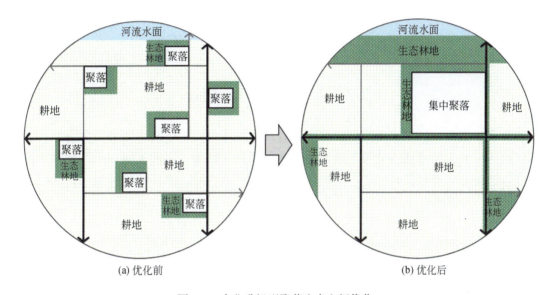

图 6-1　农业升级型聚落生态空间优化

以湖州菱湖镇陈邑村为例(图6-2),优化前陈邑村保持着村庄大型自然水系等地类的生态空间不减少,村域内其他小水系两侧均被生态功能偏低的其他农业生产用地和生活空间所包围,主要河流上的生态岛屿也被农业生产所侵占。为保护水乡型村庄特色和生态空间的功能性,陈邑村通过空间优化,减少生态空间两侧低生态功能的其他生产用地,转化升级为以圩田、水田和养殖水面为主的高效生产用地。同时将部分农用地退耕还林,依托水系集聚扩大生态空间规模。

6.2.2　生产空间规模整合

农业升级型村庄以粮食作物生产为主,希望通过利用现代化农业生产科技与机械,实现耕地规模化生产,而为实现耕地规模化,就势必会打破原有生活空间与生态空间布局,同时原本破碎分散、耕地与园地混合的生产空间也需要整治优化。因此,生产空间优化需要对规模进行适度整合,并提升其耕作条件和效率,将原始的生产格局进行适当调整,形成规模化种植,小农经济转变为规模经济,进而整合农业土地资源,优化调整农业种植空间和配套生产服务设施空间,同时转变农业生产方式,如提高机械化率、土

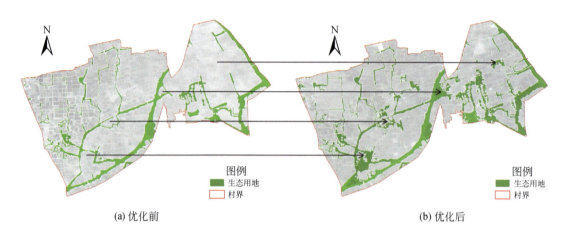

(a) 优化前　　　　　　　　　　　　　　　　(b) 优化后

图 6-2　陈邑村生态空间优化

地流转率，提高土地产出。除了提升空间规模外，还可以对生产空间进行复合利用，利用植物不同的生长特性造就的土地地上、地下的相互作用，以及不同作物及禽类之间的物质能量流动，进行复合生产、养殖，具体包括林下养殖、立体种植等模式，从而实现"一地多产"（图 6-3）。

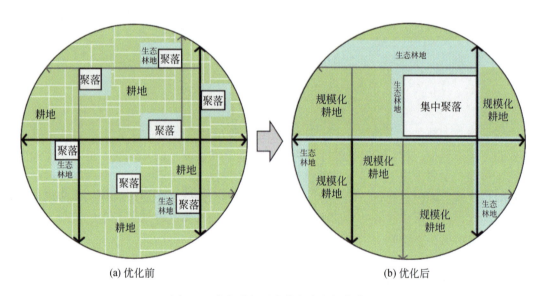

(a) 优化前　　　　　　　　　　　　　　　　(b) 优化后

图 6-3　农业升级型聚落生产空间优化

　　以陈邑村为例（图 6-4），优化前陈邑村的西侧生产空间大多以圩田为主，东侧和生活空间外围呈现出旱地、园地混合水田的布局状态。西侧的村庄生产空间呈现出依靠水系划分的组团式生产片区，且均以大量形态规整、规模较小的圩田、鱼塘形式存在，已经充分利用地区优势，形成特色养殖规模。因此重构后，陈邑村主要优化村庄东侧的生产空间，在扩张恢复一定规模的生态空间的前提下，将大量的旱地、园地转化为规整的圩田、鱼塘，既实现了村庄特色主导农产品全域化生产，整合成多个生产片区组团，同时也增大村庄尤其是西侧区域生产空间的滞洪排涝功能，协调好生产空间与生态、生活空间的功能需求关系。

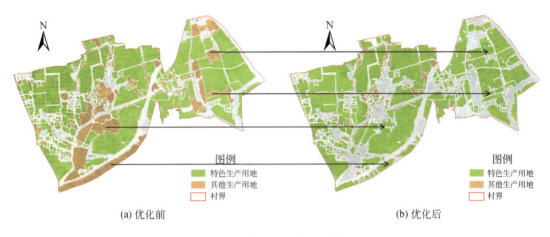

图 6-4　陈邑村生产空间优化

6.2.3　生活空间集聚兼并

在生产模式的调整下，村庄聚落居民点空间布局未来将不再会受到耕作半径、农民生产劳作行为的制约，适当减少或合并生活空间可能更利于村庄公共服务、基础设施的配置，更好、更高水平地满足村庄人民的生活服务需求，从而促进城乡差距的缩小，尽早实现城乡均等化。故发展优化应遵循集聚兼并的原则，选择交通区位条件优势区域，将现状大量零散居民点逐渐集聚整合，以重建的方式对原村庄聚落用地功能、建筑格局、配套设施、景观面貌等方面全方位进行更新，彻底改变原村庄聚落空间形态，按照构想的合理聚落空间布局进行规划，形成集中式农村社区，具有很大的空间发挥性。整合重建有利于整合各种资源优势、最优化高效利用基础设施、推动村庄聚落经济结构调整，同时高效利用生活空间内部的存量空间，促进村庄生活空间集约高效。

从聚落布局规划上，农业升级的乡村聚落较多采用对原村庄聚落用地功能、配套设施、景观面貌等方面全方位的更新，通过调整原村庄聚落空间布局，按照合理的聚落空间布局进行规划。一般是依托优越的交通条件，将自然村庄整合重建，形成一个建筑风格一致的新型乡村聚落，并配置相应规模的公共基础设施及服务设施，进一步改善生活环境，最终形成功能多样复合的现代型村落。从操作方式上，生活空间的集聚式、集约化布局，在尊重村民意愿前提下整合村域内零散聚落，整合扩张一定的生活空间，形成相对集聚的聚落，复垦低效的建设用地，补偿生产与生态空间，改变小规模聚落分散布局的不良格局。复垦腾退出来的建设用地优先满足公共服务设施与基础设施等建设需求（图 6-5）。

以尤安村为例（图 6-6），该村在农业升级模式下，全村土地整理 3000 亩，种植胭脂脆桃、油桃 1200 亩，莲藕 400 亩，同时土地股份合作社，争取并获准实施新农村田园综

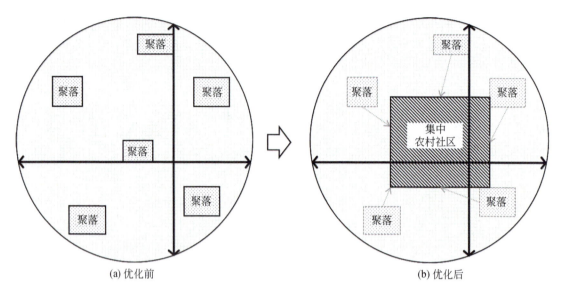

图 6-5　农业升级型聚落生活空间优化

合体项目，成员以宅基地建设用地指标入股合作社，参与新农村田园综合体项目建设，不断调整用地的使用效率，腾退闲置宅基地、规模化发展相关产业、集中布置居民点组团，人居环境得到了极大的改善：新建党群服务中心1600m²、改造文化广场2000m²，同步打造党员活动室、社保服务中心、农村书屋、日间照料中心、老人活动中心、儿童之家、舞蹈室、娱乐室、医疗站等配套基础设施。

图 6-6　尤安村人居环境提升

6.3 产业变革型聚落三生空间优化策略

6.3.1 生态空间保护优化

生态空间应按照"底线管控,空间整合,价值转化"的方式进行保护。首先在划定生态保护红线的基础上,优先将具有优良生态服务功能的生态功能极重要区和生态遭受严重威胁的生态极敏感脆弱区划入生态空间,并根据管控范围确定管控措施。接着需要对生态空间提质优化,可将一些小规模生态空间规整优化为带状、面状空间,进而规划设计形成类似大地景观、入村景观等具有社会价值、经济价值的空间类型。价值转化是基于生态价值,开发其他的潜在价值,如严格保留村庄内的农田、林地、河流等自然风光,提升生态系统质量和稳定性,同时和旅游产业结合,开发潜在的经济价值。

6.3.2 生产空间分类融合

对于产业变革型乡村而言,随着乡村重构的发生,散乱分布的小型生产区长期处于私人生产经营状态,生产规模小、经济效益低,后逐渐变为规模化、集聚性的生产基地,土地规整,同时较为破碎的农用地得以提升,且乡村产业发展会对自身特色禀赋进行挖掘,对特色资源区进行系统打造,如形成特色产业种植基地,如食用菌种植基地等,并在规模化生产基地、特色产业种植基地的周边,交通便利处形成生产空间,如农产品初加工厂,以对农产品进行初级加工,延长产业链。

产业变革型乡村生产空间的布局趋势是呈现复合化、类型多样化发展。该类型的生产空间一般可细分为农业生产空间、非农生产空间(工业生产、服务业生产),各个生产空间都有自身特殊的组织方法。农业生产空间可通过第一产业带动第三产业,第三产业反哺第一产业的方式,将第一产业要素和服务性要素有机融合,引导其向着景观化和产品特色化、可体验化发展,实现空间功能和产业的升级,如开展体验型农业,形成农业空间和服务业空间结合的复合空间。工业生产空间可通过延长产业链方式,促进传统农业向加工业变革,同时可促进物流业的发展,增强空间功能联系。服务业生产空间可通过三产融合方式,将农业种植、特色加工、乡村旅游功能融合。值得注意的是,乡村生产空间增长时,工矿类产业用地可逐渐向园区发展,尽量避免对耕地的侵占,保证粮食生产的基础功能(图6-7)。

以山东曹县大集镇丁楼村为例,20世纪90年代部分村民开始从事影楼布景加工,并逐渐形成规模。2006年前后,互联网普及村庄,但此时电脑最初目的多为打游戏、看电影。从2010年开始,丁楼村村民通过"淘宝网"销售摄影服,由此众多村民开始参与到这种新型的产业生产模式中。从2010年丁楼村卫星影像图片可以看出,此时聚落空间为核心聚落周边散布多个小型居民点。随着乡村电子商务的广泛推广,兴修道路、引进物流、开展开办电商培训,2020年核心生活聚落南北向扩张,生产空间开始沿着交通主干道

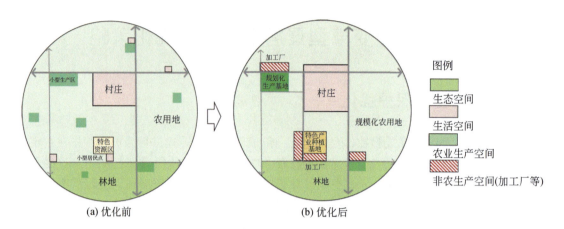

图 6-7　产业变革型聚落生产空间优化

聚集并带状蔓延（图 6-8）。

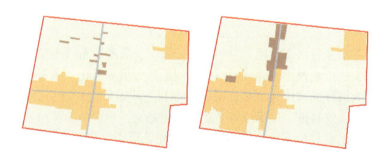

图 6-8　大集镇丁楼村 2010 年与 2020 年空间变化对比

6.3.3　生活空间集约复合

　　产品加工的乡村在社会经济、产业发展的需求下，为集约使用土地资源、充分利用服务设施、提升生产效率，产业变革型的生活空间逐渐聚集，由零散的小型居民点逐渐归并至若干核心组团式聚落，聚落格局逐渐规整化。同时，较之单纯发展第一产业的乡村，产业变革型乡村由"农业"生产逐渐转变为"农业+非农生产"方式，村民日常生活和非农生产活动往往相互影响，或空间分离出现"摆钟状"生活轨迹，或空间融合呈现生产生活活动重合的生活状态。

　　生活空间的优化布局重点是组团拓展、产居协调，生活与产业的联动发展是其独有的特征。原本的生活空间则由原小型居民点进行空间归并、功能置换，形成更为集中的组团式居民点，或依附于较大型村落或形成新的农村社区。根据乡村产业发展需求，配套相关服务种植养殖业的农产品加工、电子商务、仓储保鲜、冷链、产地低温直销配送等产业用地，与服务设施结合形成新的空间组团，进行农产品附加值的提升，并快速、有效地对外销售。因此，该类型的聚落的生活空间需要对居住组团、生产组团、服务组团进行整合化、有序化布局，并充分考虑原材料基地、人力资源、销售市场的关系，增强空间的对外交通联系，在重要交通沿线上布局，实现生活组团、生产单元组团的功能串联。

从用地功能组织角度，乡村的综合发展需要相关用地的合理组织，也需要配套设施的辅助协同，用地的组织关系直接影响到产业生产效益。在规划中需要着重注意村庄内部生活、生产活动的有效发生和联系互动，合理组织包括村庄居住用地、公共服务设施用地、商业服务用地、公共场地、仓储用地、加工用地等不同功能类型的用地。其中，商业服务设施不仅和村民生活紧密相关，也可以为生产功能提供服务，因此其常与公共服务设施结合布置（图6-9）。

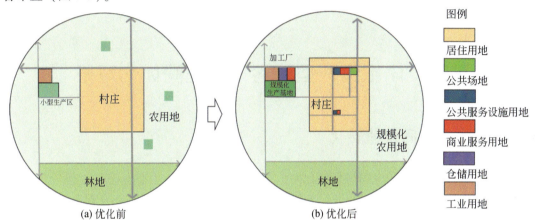

图6-9 产业变革型聚落生活空间优化

以明月村为例（图6-10），该村在发展茶叶和雷竹等农产品产业基础上，深度挖掘当地"明月窑"和"布料织染"的文化特色，通过陶艺工艺发展手工制造品，通过织染发展明月织染等，乡村第一产业和第三产业相互融合，同时生产空间也转移至村民自己住宅空间或工作室。据统计，从2015年开始，约有100余位有影响力、有创造力、有情怀的艺术家、青年创客入驻明月村，成为"新村民"，同时还建设了剧场、陶艺工作室、图书馆、民宿等多种业态产品。

明月村陶艺制作　　　　　　　　　　明月村布料织染

图 6-10　明月村生活空间优化

6.4　休旅介入型聚落三生空间优化策略

6.4.1　生态空间价值转化

在休旅介入型聚落的空间规划优化中，生态空间提供乡村生态资源与游憩景观资源，具有生物多样性维育、乡村生态环境支持与改善等生态价值，以及游憩景观等丰富美学价值。而在产业发展过程中，生产生活功能对生态空间无节制地侵占和不合理开发，使得乡村生态空间多破碎不连续，导致生态功能破坏和景观结构缺损。生绿色发展是休旅介入下乡村聚落空间发展的核心，绿水青山就是金山银山，保护生态空间，维护乡村生态平衡，保障生态资源供给的稳定性和持续性是乡村发展的重要前提；需要注重以生态为主导，严格建设控制，优先开展生态修复，严控生态边界，防止景观资源占用和破坏，保护性开发生态空间；同时优化生态空间结构，提高景观资源价值，促进空间功能复合化是乡村旅游发展的重要要求，只有严守生态保护红线，牢固树立生态文明理念，提高生态资源价值，保护提升、活化乡村优质生态资源，保证旅游介入下乡村聚落空间的可持续发展。具体而言，首先保证整体生态规模，合理进行土地整合，减少生态空间内部零星生产生活斑块划分，其次保持生态空间的完整性和连续性，提高生态空间质量，有利于生态维育和景观丰富度提升，促进乡村生态发展，在有产业特色和景观优势的山区，保护性开发生态空间，进一步加强生态经济（图 6-11）。

以树山村为例（图 6-12），依托东侧山体打造生态观游区，全域依托生态景观资源打造度假聚落，通过游线串联几个核心旅游度假接待聚落，配置温泉酒店等以生态休闲和康养为主题的核心休闲娱乐设施，作为村域核心景点；结合艺术改造打造品质高端民宿，同时在各聚落配备茶室、图书馆等休闲娱乐设施，在村口节点建成综合商业集聚区，形成分散覆盖的旅游体系。

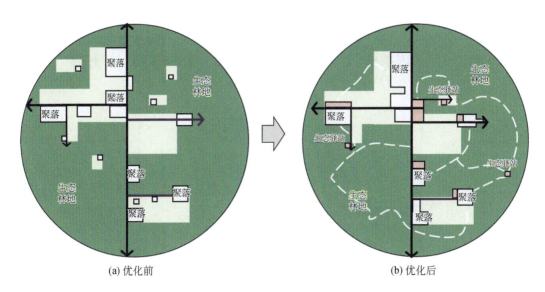

(a) 优化前   (b) 优化后

图 6-11   休旅介入型聚落生态空间优化

(a) 优化前   (b) 优化后

图 6-12   树山村生态空间与旅游体系的结合

6.4.2 生产空间体验升级

在生产空间的规划优化中，强调功能融合与复合，适当地进行主题植入，分片布局，打造特色田园体验。产业布局需要基于体验需求，与农业生产和传统乡村生活结合紧密，产品注重体验。在传统由农户打造的乡村旅游与田园观光项目中，一般品质较低、规模较小，生产空间旅游化程度和设施布置密集程度较低，难以吸引游客，所以需要整合乡村资源，集中规划建设才能有足够吸引力。在空间布局优化上，生产空间除了保持其传统农耕、种植养殖的功能外，对其进行功能复合，形成生产、旅游功能融合的体验单元，以各生产片区特色产业为核心，设置与生产产品关系紧密的核心体验服务旅游设施或文化展示设施，通过设施整合周边生产空间，并达到复合化利用的目标，从而提升乡村整体的趣味性与吸引力。在功能融合的同时，对农业空间进行适当规整，并升级其道路游线、休憩平台、景观小品等休憩设施，形成农业生产空间与乡村旅游综合布局。此外，在不同的乡村旅游单元打造不同核心主题、乡村体验式旅游产品，每个片区可设独立的核心旅游点，如葡萄农场等独立运营的体验单元；同时强化生产空间与生活空间关联，农业生产布局与传统乡村生活紧密结合，提升乡村生活产品体验（图6-13）。

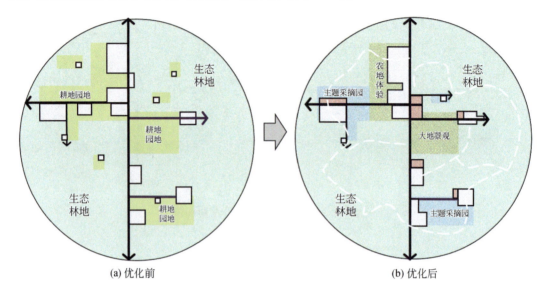

(a) 优化前　　　　　　　　　　　　　　　(b) 优化后

图6-13　休旅介入型聚落生产空间优化

以鲁家村为例（图6-14），村落发展中整合特色生产资源，形成十余个主题农业体验区，分片布局，每个片区的生产空间均被复合利用，设有独立的核心旅游点，如葡萄农场等独立运营的体验单元，由规划开发建设。居民自发建设与住宿餐饮设施，配合体验活动，围绕体验单元进行补充，形成中低复合的居旅融合聚落，在村域对外交通节点布置旅游综合服务功能，通过观光火车线串联主要旅游功能片区，打造特色游览线路，丰富旅游体验。

(a) 三生空间布局优化　　　　　　　　　　(b) 旅游体系优化

图6-14　鲁家村生产空间利用与旅游体系优化示意图

6.4.3 生活空间复合利用

休旅介入型乡村聚落的生活空间优化强调复合利用、存量挖掘。该类型聚落整体以分散化、低建设为主要特征，打造山清水秀的生态空间是乡村的亮点和核心竞争力。在分散优化的前提下，生活空间的发展依赖于建设用地的"精明增长"与存量挖潜。首先，针对外来城市居民对农村生活体验的需求，在坚守基本农田红线的前提下，为农村新兴产业发展提供建设用地，一般是在农村现有的建设用地范围内增加旅游住宿及相关配套功能，如增加停车、集散和特色酒店。其次，在新时代居民生活需求和产业发展需要之下，激活存量空间，高效集约利用生活空间是发展的重要保障，该类型乡村不再是传统小农经济背景下以单一的生活生产功能的聚落空间形式，而是生活与传统农业功能分化，乡村聚落空间内部功能与旅游、观光、体验等进行混合，同时将非农用地与闲置未利用的建设用地征收并重新规划建设，为乡村聚落空间内部新增配套设施、公共空间等，整体推动乡村聚落空间功能复合化。整体来讲，人居生活空间提质为导向，合理扩张，通过集聚建设、内嵌缝合等方式实现集约发展，同时满足居民生活和旅游发展需求，保障空间平衡效益最大化（图6-15）。

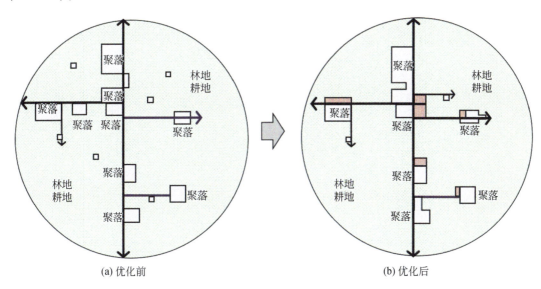

(a) 优化前　　　　　　　　　　　(b) 优化后

图6-15　休旅介入型聚落生活空间优化

以礼诗圩村为例（图6-16），居民点扩张位于聚落边缘建设条件较好且景观有特色的区域，配以核心综合旅游服务点，形成聚落功能核心，在其旁边新增大型旅游集散空间和游憩空间。其他文化设施和体验设施根据景观资源、生产资源、居民意愿进行分散开发，内部其他空间零星有住宿接待自发开展。公共空间在优化建设中优化整体人居环境风貌，结合功能改造，将部分农田斑块和水塘整合形成特色田园景观，成为空间节点，形成乡土田园风光。

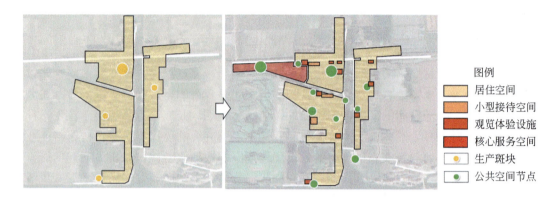

图 6-16　礼诗圩村生活空间布局优化

第7章 三生空间的数字化模拟方法

7.1 FLUS 模拟模型与三生空间布局规划

7.1.1 FLUS 模型及基本原理

FLUS（future land use simulation）模型是由我国刘小平教授团队最早开发构建的一种智能数字化模拟模型，是通过耦合系统动力学（system dynamics，SD）模型与 CA 模型得到的一种较精准模拟土地利用的模拟模型（Liu et al.，2017）。

其中，SD 最早是由美国福瑞斯特（Forrester）教授提出，是分析信息反馈、系统结构、行为预测的科学（王其藩，1995），是通过建立模型与方程式，并借助计算机进行仿真模拟试验的方法，分析系统行为和信息反馈，从而反映实际系统的动态变化（Sterman，2011）。简单来说，是依据不同元素间的关系与相互作用来解释和预测复杂系统未来的变化态势。而在 FLUS 模型中，利用 SD 模型，通过考虑人类活动和自然生态等多种驱动因子的作用下预测不同情景下多种土地利用需求。综合现有研究成果，在某城市、流域等大尺度的土地利用模拟时，土地利用变化可能受人口、社会经济、气候、自然生态等多种驱动因子相互作用的影响。而对村庄等小尺度的土地利用模拟时，土地利用可能更多的是在自然生态、区位等驱动因子下产生变化。

而 CA 模拟主要分为两个部分——人工神经网络（artificial neural network，ANN）训练与自适应惯性竞争机制（Liu et al.，2017）。ANN 训练主要用于判断各要素转换间的概率，而通过自适应惯性竞争机制解决不同要素之间的竞争和相互作用，其中，该模型中加入了一种基于轮盘赌选择的自适应惯性竞争机制，能有效处理多种土地利用类型在自然作用与人类活动共同影响下发生相互转换时的复杂性与不确定性，使得模型具有较高的模拟精度，并能由此获得与现实土地利用分布相似的模拟结果。综合两个部分便能得出每个特定单元上各要素的组合概率，同时通过模型算法迭代，即呈现出一定时间内每个特定单元上各要素的分配结果。

7.1.2 FLUS 模型的研究进展

（1）理论研究热点分析

FLUS 模型本质上是在 CA 模型基础上优化的一种耦合模型。而 CA 模型出现较早，在规划学与地理学均有所研究与运用，且相对成熟。通过广泛检索主题词包含"CA 模型"

"元胞自动机""模拟"的相关文献，经过人工筛选，选出相关文献共计 452 篇，再利用 CiteSpace 软件中的关键词共现分析工具，生成关键词共现图谱（图 7-1）。

图 7-1 CA 模型模拟关键词共现图谱

依据图谱可以看出，近 20 年来"CA 模型""模拟""土地利用""景观格局""城市扩张"等关键词有较高的共现频次，近年来在理论研究层面，CA 模型主要用于土地利用、城市扩张和景观格局的模拟。

（2）相关研究文献综述

CA 模型本身的机制能够较好地揭示土地利用变化的驱动机制，通过训练提取模型中元胞的转化规则，分析土地利用格局演变规律，从而较理性地指导区域土地利用布局。因此，CA 模型从模拟土地变化的技术层面来说，能够充分体现复杂系统局部的个体行为产生全局性、有秩序的模式理念，在研究土地利用布局方面是一种较为创新、科学且数字化的方法。CA 模型最早由托布勒（Tobler）提出应用于地理模拟，并尝试将其应用于底特律（Detroit）地区城市扩张模拟（Wu and Webster，1998）。而国内则由周成虎引入元胞自动机概念，并构建地理元胞自动机模型（Tobler，2016）。虽然起初 CA 模型主要应用于生物、物理等领域，但模型基本元素之一元胞可代表一个栅格土地数据的像元，通过 CA 模型便能较好地反映出微观层面上土地之间复杂的变换关系，正好能够模拟出 SD 模型所预测的土地利用需求下的未来空间格局（周成虎等，1999）。综合前文对相关文献的可视化分析，得出 CA 模型是对土地利用模拟较好的一种模拟模型。

当然，CA 模型自身也存在一定的缺陷，其中核心问题之一在于 CA 模型无法模拟跳跃式的城市土地扩张（Liang et al., 2018），也无法体现当前立体化的城市空间扩张趋势。正因为如此，众多文献通过将 CA 模型与结合其他方法相结合，构建基于 CA 模型的耦合模型开展模拟与研究，如以概率论方法为基础的马尔可夫（Markov）模型（李少英等，2017）、Logistic 回归模型（叶娇等，2020）等，以提高模型的模拟精度。而 FLUS 模型本质上也是基于 CA 模型的一种耦合模型，能够很好地解决 CA 模型较侧重微观层面的模拟关系，加强对宏观层面的关注，有效反映社会、经济、自然等层面的问题及影响（陈训争等，2017）。因此，近年来便逐渐开始出现大量利用 FLUS 模型对城市发展边界（何春阳等，2005），以及县域以上尺度的生态空间、土地利用模拟（Wang Y Z et al., 2021），甚至还包括基于土地利用模拟结果对生境质量（王保盛等，2019）、洪水风险（Ding，2021），以及当下规划学科的重要热点之一的国土空间格局（林伊琳等，2021）。综上所述，FLUS 模型从构建到发展至今，已经开始进入规划学科领域，成为辅助城市开发边界和土地利用研究较为成熟且科学的模拟模型。

7.1.3　FLUS 模型模拟村庄三生空间理论依据

通过前文对相关研究文献的分析，由于 CA 模型的模拟特性，针对突变型、跳跃型发展态势的案例模拟可能难以实现，可能会表现出模拟结果与现实空间布局差异性较大。但反观乡村地区，在国家政策和村庄生产、生态用地的限制双重影响下，为满足农村现代化发展需求，村庄土地将"适度规模化"。这种"适度"意味着一般是在村域内部进行土地平衡，且不常使用"跨越式平衡"模式，村庄聚落的撤并也基本遵循就近原则，因此村庄各类土地变更不太可能出现跳跃式变化，完全可以通过 FLUS 模型邻域转换规则来体现村庄各类土地间的转换。同时在理论层面，杨浩和卢新海（2020）已经开始尝试利用 FLUS 模型对县级市的村庄进行整体三生空间的模拟，并以此为基础进行村庄类型识别。综上，村庄区域是可以且需要尝试通过 FLUS 模型模拟土地变更。通过设定驱动力引导、调控村庄土地利用格局，从而避免现行村庄规划存在的问题。

7.1.4　村庄规划优化与 FLUS 模型的逻辑关系

村庄规划优化是面向未来村庄发展的必要路径。有研究表明，村庄的发展路径往往与其土地利用特征紧密相关，而土地利用又能转化为三生空间，继而可以通过总结各类村庄空间优化模式，指导未来村庄规划中的国土空间整体布局。

而 FLUS 模型作为一种能有效处理多种土地利用类型相互转化的复杂性和不确定性的模拟预测模型（Wang Y Z et al., 2021），在规划层面具有其科学优势。模型通过结合驱动力、区域空间内各土地类型的相互作用，以及自上而下和自下而上的模型间相互作用与反馈的耦合关系这三大要素（图 7-2）（Liu et al., 2017），从而让模型能够以较高的精度模拟预测出村庄未来土地利用或空间格局。围绕村庄三生空间，可利用 SD 模型根据自然环境、区位条件等多种驱动因素，分析与历史村庄各类空间之间的相互作用关系及未来三生空间优化需求。再利用 FLUS 模型中的 ANN 去学习确定村庄各类空间与各种驱动因子之间的复杂对应关系，最后通过输出层获取栅格单元转换为村庄各类空间的潜在可能性。

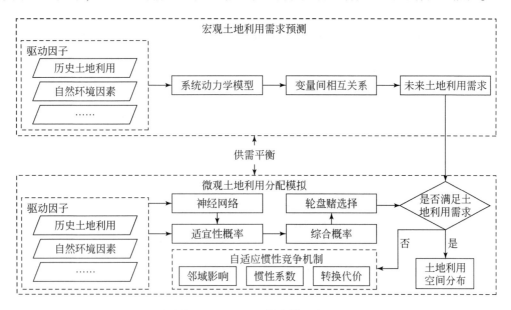

图 7-2 SD-FLUS 耦合模型流程

综上，现阶段村庄规划优化的基础性且核心工作是对村庄三生空间的优化布局，而 FLUS 模型通过借用其耦合的两大模型的运作机制，模拟未来村庄三生空间布局，且能实现布局的可视化与空间的可量化，从而成为村庄三生空间布局优化的重要参考依据。

7.2　三生空间优化数字化模拟方法

纵览众多关于村落的量化研究成果，对于量化数据的实际运用，大多都没有特别行之有效的工具或技术方法，基于此，本研究希望对数字化模拟技术与定性定量分析进行简要延伸、衔接和探究，探索面向未来技术的人机交互规划方法的思路。基于数字化分析与规划优化模式，希望规划模式及优化参数能对数字化技术的输入形式和参数设置提供参考，进而进行规划模拟，同时引导形成对模拟结果的评价筛选方法，以反馈模型进行调整，指导后续其他规划优化工作（图 7-3）。

在本研究模拟中至少需要两期村庄土地利用数据，并进行用地重分类。通过 ANN 模拟分析计算出三生空间演变与驱动因子的关系，并根据实际的用地转换关系设置好用地转换参数，进而模拟现状用地布局并进行 Kappa 系数验证，确保村庄未来三生空间的模拟精度。之后将村庄现状用地进行重分类，推演模拟 2035 年村庄的三生空间格局。

另外，利用模拟出来的村庄三生空间格局，结合村庄产业基础，细化产业空间布局，从而引导村庄产业用地布局。再综合三生空间格局与产业空间引导，在现状村庄国土空间布局的基础上优化、调整，从而得到 2035 年规划的国土空间布局，并通过对规划后的生态、生产和生活空间提取与分析，统筹村庄范围国土综合整治的规模与分布，制定村庄公

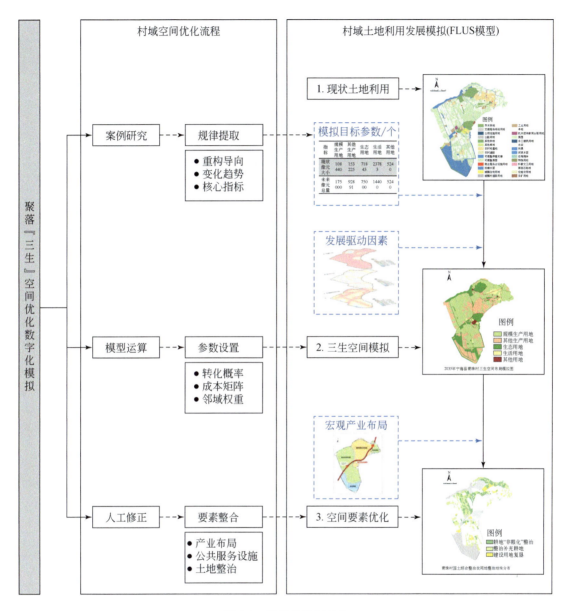

图 7-3 数字化规划优化

共服务设施配置方案，以及确定待优化的聚落单体及优化区域与规模（图7-4）。

7.2.1 空间分类与数据准备

使用 FLUS 模型对村庄土地利用进行模拟，需要输入同等像元大小的三期土地利用和驱动因子栅格数据，以便模型识别与分析。其中三期土地利用栅格数据需要将调取的原土地数据中的土地类型重新分类，主要分为村庄建设用地、耕地、村庄生态用地、村庄产业

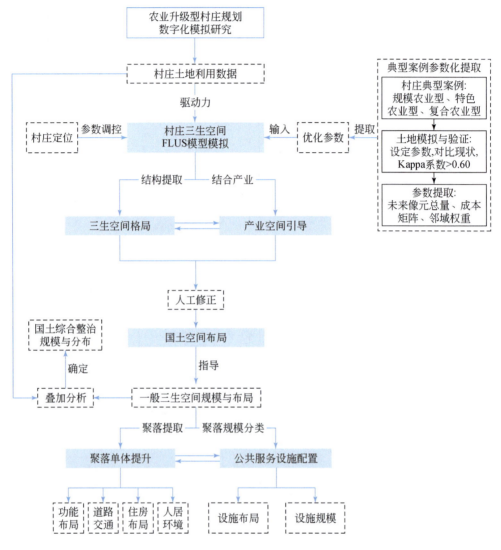

图 7-4　村庄规划数字化模拟技术路径

用地和其他用地五大类（表 7-1），利于在模型参数设定时控制土地能否转换。同时输入 ArcGIS 平台，并规定输出像元大小为 5，转为栅格导出①。

而村庄土地演变主要与海拔、坡度、水系、道路、耕作半径等多种驱动因子有关。因此，驱动因子栅格数据应考虑到在村庄区域内数据可获取情况，以及 ArcGIS 平台的矢量分析功能，在村庄土地利用模拟中设定驱动因素包括高程、坡度、坡向、距离水系距离和距离道路距离五个因素，分析结果同土地利用栅格数据，统一输出像元大小为 5，转为栅

---

① 将输出的数据导入 FLUS 模型，模拟中需要统一所有数据栅格化的像元大小，乡村地区研究范围较小，像元大小可以设定为 5，而城市则可以设定为 10。

格导出。

表 7-1　重分类土地类型与原土地类型相对应一览表

重分类类型	对应原土地类型
村庄建设用地	城乡建设用地—农村居民点
耕地	耕地
村庄生态用地	林地、水域、自然保留地、交通运输用地—水库水面
村庄产业用地	草地、园地、其他农用地
其他用地	城乡建设用地（除农村居民点）、交通运输用地（除水库水面）、其他建设用地

7.2.2　模型参数及相关设定

模型参数作为影响模拟结果的决定性因素，是模拟过程不可或缺的一部分（王旭等，2020）。FLUS 模型中可进行人工设定的参数包括未来像元总量、成本矩阵和邻域权重，也是通过对这三个参数的不同设定，构建不同模拟情景，模拟产生不同的模拟结果。

"未来像元总量"指在模型模拟下未来各用地类型所占的像元总数量，即代表设定未来土地利用规模的目标值，一定程度上代表了未来村庄各类用地占比与用地总量的增减变化。其设定的方法目前大多采用马尔可夫链公式，基于基准年份预测规划年份的各类用地像元总量。而在本次研究中，可以通过多典型案例归纳总结以及人均指标的方法设定各类用地未来像元总量及增减变化，强调规划的主导性，避免历史上村庄土地的不良变化对未来预测结果的消极影响。

"成本矩阵"指各用地类型间的变化规则，用于表示是否容许各土地类型相互转变。当允许一类用地向另一类用地转化时，便设置对应值为 1，反之为 0，一定程度上代表了未来村庄各类用地之间的转换关系。但是，乡村地区不同于城市地区，非建设用地与建设用地共存，两者之间并不能随意转化。在最新修改的《中华人民共和国土地管理法》中要求严格控制耕地转为非耕地，在保证建设用地总量不增加的前提下，任何涉及农用地转为建设用地的情况均需要向上级审批。因此，在本次围绕农业升级型村庄的研究中，成本矩阵参数设定必须重点考虑农用地与建设用地之间的转换关系，在满足模拟精度的前提下，严格控制耕地转化为建设用地。此外，乡村地区还存在生态用地和特殊功能性用地。针对生态用地能否与耕地、园地等生产用地之间转化，可通过分析总结典型研究案例的方式判别，现实能否转化无法简单地予以客观判断。而针对特殊功能性用地，如风景名胜区用地、区域性设施用地等，这些用地类型一般是在上位规划中确定下来的，用地基本已经固定，难以发生转化。因此在 FLUS 模型模拟中，需要单独设置一类用地，限制其转化，使这些用地不参与其他土地利用变化的模拟运算过程（Wang Y Z et al.，2021）。

"邻域权重"指模拟过程中某类土地类型的扩张强度，即各用地类型在驱动因子的作用下使自身得以扩张的能力，参数阈值设定范围为 0~1，越接近 1 则代表该土地类型的扩张能力越强（周成虎等，1999）。该参数一定程度上代表了各类用地的变化强弱与驱动因子间的关系，设定的本质是控制各类用地在某次模拟中向周边扩张变化的趋势，综合成本矩阵，通过模型模拟的迭代次数的增加，得出模拟到未来像元总量时的用地布局情况。

7.2.3 规律总结与参数提取

FLUS 模型参数是可以进行人工设定的，具体参数包括未来像元总量、成本矩阵和邻域权重，其设定方案会直接影响模型模拟结果。因此，为降低主观性判断对模拟结果的影响，本研究通过对同类型典型示范案例的参数化提取，得到该类型村庄模拟的一套参数设定方案，本质上是对典型示范案例土地变化规律的数字化总结。

模型输入条件和参数设置是模拟未来情景的关键，在以往研究中普遍基于经验总结设定，前文分析中的定性定量结论恰好能够从定量角度为参数提供参考。输入要素中，为衔接前文分析和对接国土空间规划，沿用前文对乡村聚落空间的划分，分为生态空间、生产空间、生活空间、待优化空间、其他空间；驱动因子是用于深度学习的土地变化影响因子，基于相关研究乡村基础驱动因子包含高程、坡度、坡向、道路（李少英等，2017；Liu et al.，2017；王保盛等，2019），同时基于本研究相关解析，加入两个特色资源因子，即现状服务设施和村域旅游资源（李国珍，2018）。

具体的提取方法是，以某典型示范案例历史上某期土地数据为基础，输入 FLUS 模型中模拟 2021 年，即现状时期的村庄三生空间。再利用 Kappa 系数验证与真实的现状土地利用布局的相似度，佐证该套参数设定方案能够代表该村庄这一段时间内的三生空间演变规律。重复同样的工作流程应用到同类型的其他 4 个典型示范案例中，并依据 Kappa 系数结果调整参数方案。基于现有相关研究总结可知，一般要求 Kappa 系数大于 0.80 才可说明模拟精度较好，才能代表整套模拟过程中使用的参数方案是合理的。但从另一个角度来讲，由于当前利用 FLUS 模型进行模拟的研究尺度基本在县域及以上，相关的社会经济数据获取方面更加便捷，可以获取的驱动因子数量基本都在 10 个以上，所以 Kappa 系数精度相对较高，而乡村的驱动因子数量一般较少，所以 Kappa 系数要求会有所降低；同时模拟栅格像元大小从县域尺度的 30m×30m 精细到乡村层级的 5m×5m，势必会导致 Kappa 系数有所下降。综合以上两个因素，同时结合已有文献研究，本研究将 Kappa 系数的阈值设置在 0.6，即当 Kappa 系数达到 0.6 以上时，则代表驱动因子选择与参数设置符合模拟条件，将其确定为未来模拟的基本参数进行下一步操作（图7-5）。

输入参数中，未来像元总量是优化后村域各类空间规模，这一项参数受原始用地情况、上位规划要求、政策引导等客观因素影响非常明显，在设定中，参考前文总结整体原则及参数，根据村落实际情况、上位规划和发展需求依托相关乡村规划标准进行设定，具体参数原则及导向如下。

成本矩阵指当前用地类型转换为需求类型的困难度。基于优化策略，模型参数设置原则设定为在无特殊情况下禁止生态空间向规模生产空间转化，控制生态空间向生活空间和其他生产空间转化；生产空间可灵活调整，较易转化；生活空间较难向其他空间类型转化，其他空间不转化，待优化空间极易转化，各类型乡村聚落在整体原则下转化难易程度略有差别，可根据前文各类型用地相互转化量的相关结论进行调整。

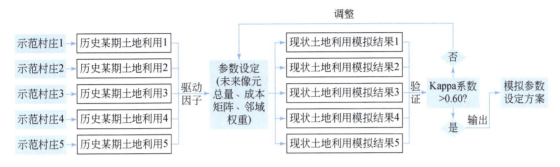

图 7-5　典型案例参数化提取技术路径

邻域权重用以反映不同用地类型之间综合影响下自身得以扩张的能力。基于前文各类空间规模变化情况结合相关研究支撑，因各乡村发展模式和现状条件不同，应当在整体原则下依据现状情况和前文规律及模式总结进行调整。

7.2.4　空间模拟与结果评价

FLUS 模型的模拟基于前文输入条件和参数设置进行，对于各类影响要素进行综合判定，具有不确定性，为保证模拟结果实现优化效果，可针对模拟结果，基于前文提出优化模式、原则和特征参数，从空间平衡、整合集聚等方面进行评价及解释，从而对模拟结果进行评价和筛选。评价筛选后合理的模拟结果为栅格化的空间图斑，需要提取三生空间格局并进行优化，基于上位规划等宏观要求以及现状用地、用地权属、居民意愿等客观现实条件进行微调，细化形成村域空间布局；进一步结合产业布局模式和旅游体系建设模式要求，规划产业空间布局，基于设施配置模式，引导乡村聚落旅游体系构建，从而可以完成休旅介入型乡村聚落村域的重点规划工作。此外，在面对各类型乡村规划的不同需求时，基于村域空间布局优化结果的细化，可以简洁明了地得到规划的国土空间布局、国土综合整治的规模与分布等当下乡村规划的重点内容，有利于定量分析和数字化模拟与各类型乡村规划要求的对接和运用（图 7-6）。

7.2.5　人工修正与要素优化

依照农业升级型村庄规划数字化模拟技术路径，通过村庄的数字化模拟，可以得到村庄的三生空间格局优化与产业空间引导两大优化结果。三生空间格局代表了村庄生态、生产和生活用地的布局与规模变化。通过前文在数字化模拟技术支持下对村庄生态、生产和生活空间优化分析，进一步明确在驱动因子作用下村庄生态、生产和生活空间的演变或重构趋势与方向，从而更科学、更合理地指导布局村庄土地利用。而产业空间引导则是将传统规划中不太重视的非建设用地布局与优化，结合产业发展转化为规划重点，成为实现村庄产业发展、落实生产布局与土地升级的重要内容，也因此能够有效地推动村庄土地利用规划向着更全面的村庄国土空间布局转变。

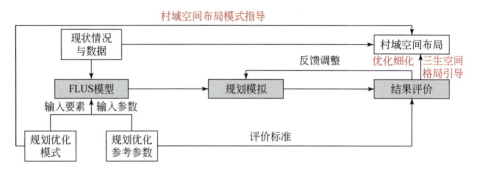

图 7-6　数字化模拟评价与优化流程

　　以咸阳西张堡镇白村为例，通过对 2012 年白村土地利用进行模拟，模拟时期为 2021 年。模拟结果依据三生空间划分原则对村庄空间结构进行提取，即可得到白村 2021 年村庄三生空间格局。大致的三生空间格局是两个集中的生活空间，相比 2012 年的村庄土地利用，可以明显发现南侧聚落有向南扩张的趋势；外围紧邻带状的生态空间，没有太大的用地变化；再外围布局生产空间，其中规模生产用地占比变大，但模拟结果仍不够集聚规整（图 7-7）。

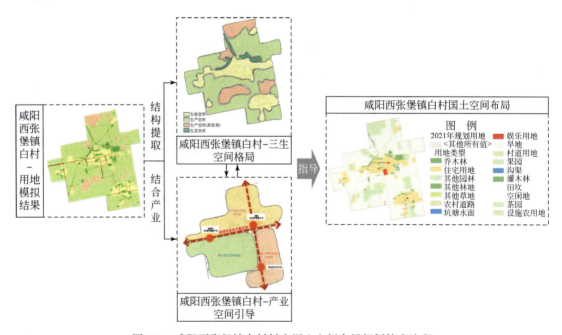

图 7-7　咸阳西张堡镇白村村庄国土空间布局规划技术流程

　　再依据村庄原有农业生产情况以及地形等条件，规划出三个产业片区，具体包括高标准农田种植区、经济果林种植体验区和研发区。其中高标准农田种植区对于耕地的要求将提高，该片区内原有的果园、园地等用地并不能达到高标准农田的建设要求，因此为了产业发展的需要，势必会对该区域内的生产用地进行优化升级，由低效的生产用地转为高效、规整的耕地。综上，通过参考基于模拟结果的白村村庄三生空间格局与产业空间引导，即可大致得到村庄国土空间布局的优化方向，较科学合理地规划2021年白村村庄国土空间布局。

当然，通过对比2021年现状村庄土地利用可以看出，虽然模拟结果通过指标体系进行评价，也是基于村庄三生空间格局与产业空间引导下得到的村庄国土空间布局，但规划结果与现状仍然有一定的差距，可见单纯依靠数字化模拟得出的规划结果并不一定是适合当下发展的最优方案。因此，对于村庄国土空间布局，本次研究优化的目的主要是改变原传统村庄规划对于土地利用布局的过度主观性判断，但并不能忽视主观性判断下规划师对于村用地布局的前瞻性与发展性。主张参考数字化模拟结果，综合村庄三生空间格局与产业空间引导的优化结果，并通过人工修正完成村庄国土空间规划布局（图7-8）。

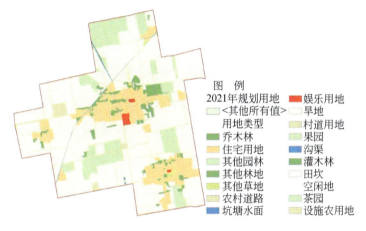

图7-8　基于数字化模拟下的白村2021年国土空间布局

7.3　案例实证

7.3.1　农业升级型聚落——重庆市永川区凉风垭村

7.3.1.1　村庄现状概况

凉风垭村是重庆市永川区下辖村。村庄占地面积约4.34km²，位于板桥镇中部，北接本尊村，西邻三教镇，南靠高洞子村，东倚板桥镇区。现状凉风垭村总人口1671人，总户数1031户，但户籍人口3321人，村庄年人均收入约9000元（图7-9）。

7.3.1.2　农业升级基础条件

村庄内现状已组建"永川区三板花椒种植股份合作社"，总规模达到935.82亩，带动村民小组花椒产业发展，栽植花椒苗9.5万株。其他产业则以农业种植、养殖为主，村民

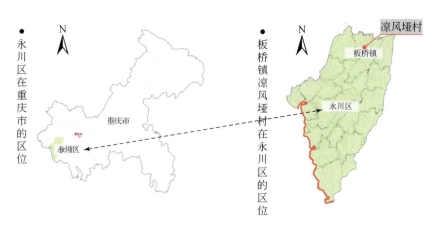

图 7-9　永川区板桥镇凉风垭村区位分析与基本要素分布

自给自足，自己负责生产。

（1）现状土地利用

依据自然资源部 2020 年年底颁布的《国土空间调查、规划、用途管制用地用海分类指南（试行）》（以下简称《分类指南》），对村庄土地数据进行类型划分（图 7-10），并进行现状用地规模统计。

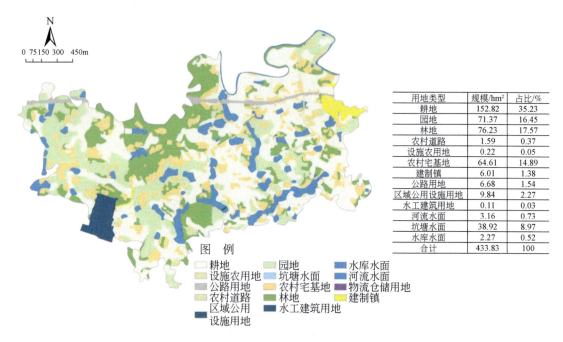

用地类型	规模/hm²	占比/%
耕地	152.82	35.23
园地	71.37	16.45
林地	76.23	17.57
农村道路	1.59	0.37
设施农用地	0.22	0.05
农村宅基地	64.61	14.89
建制镇	6.01	1.38
公路用地	6.68	1.54
区域公用设施用地	9.84	2.27
水工建筑用地	0.11	0.03
河流水面	3.16	0.73
坑塘水面	38.92	8.97
水库水面	2.27	0.52
合计	433.83	100

图例
耕地　园地　水库水面
设施农用地　坑塘水面　河流水面
公路用地　农村宅基地　物流仓储用地
农村道路　林地　建制镇
区域公用设施用地　水工建筑用地

图 7-10　永川区板桥镇凉风垭村土地利用现状

凉风垭村具有典型的山地丘陵村庄特色，在地形影响下村庄聚落、林地和耕地斑块都较零碎，单个用地斑块规模较小，分布也较散乱。其中村内耕地规模达到 152.82hm²，占村庄总生产用地的 68.16%，占全村总用地规模的 35.23%。从总体规模上来说，凉风垭村的主导生产用地是较充足的，但如现状用地布局情况所示，村庄内没有一块较为完整、形态规整的耕地，大多"穿插着"园地、林地和聚落在内。同时，村庄园地用地规模 71.37hm²，占村庄总生产用地的 31.84%，占全村总用地规模的 16.45%，主要集中在村庄西侧，但总体也与耕地一样呈现零碎化布局。

村庄居住用地规模占比较高，按户籍人口计算的人均村庄宅基地已经高达 194.55m²，而按常住人口计算的人均村庄宅基地达到 386.65m²，超出《镇规划标准》（GB 50188—2007）最大值 140m²/人近 1.8 倍。可见，凉风垭村现状人口处于持续流失、流动的状态，大量的村庄宅基地闲置，当下村庄已经不需要过多的居住用地。

（2）村庄发展条件

凉风垭村以平坝丘陵为主，地貌大致分为两个部分：中北部为丘陵区域，其余用地为平坝区域。村庄整体海拔北高南低，坡度较大的区域也集中在北侧，经统计，凉风垭村村内坡度大于 25% 的面积占全村面积的 14.09%，最大海拔高差约为 75m。总体上村庄在地形条件上较复杂，发展受限制区域明显集中于西北侧，村庄东侧相对平整，是未来农业生产较适宜区域（图 7-11）。

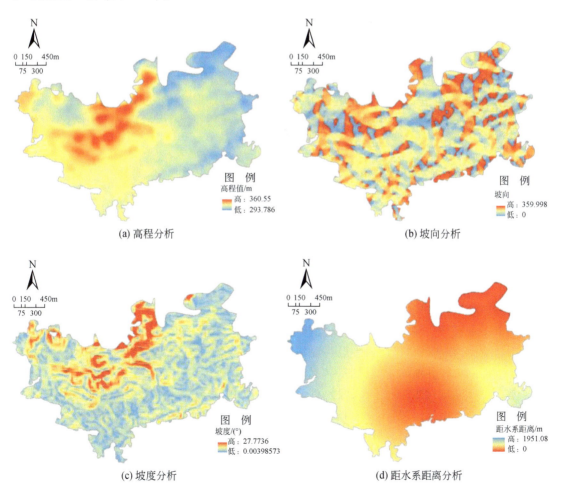

(a) 高程分析

(b) 坡向分析

(c) 坡度分析

(d) 距水系距离分析

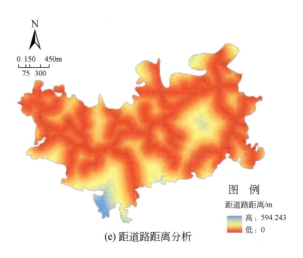

(e) 距道路距离分析

图 7-11　永川区板桥镇凉风垭村村庄发展的驱动因素分析

村域范围内的水资源较少，主要分布在村庄东北侧村界附近，以及中南部的一个水库。凉风垭村的水系对于村庄农业生产帮助较少，但重要性较高，是村庄重点保护的生态空间。因此通过 ArcGIS 平台的欧氏距离分析，能够引导建设空间的退让与生态空间的扩张。

凉风垭村在地形的影响下，以县道 X818 和金鼎大道，在村庄范围内明显形成了"鱼骨状"的路网结构，各个村道顺应凉风垭村平坝丘陵的地形蜿蜒曲折的延伸进村内。但也因此，通过欧氏距离分析，村庄各区域可达性都较好，基本 200～300m 范围内都有主要道路设置，并连通主干道。

7.3.1.3　三生空间布局模拟

（1）模拟参数确定

根据前文总结的农业升级型村庄三生空间模拟参数设定原则，初步可以得到村庄三生空间布局模拟参数。其中未来像元总量将依据村庄现状用地规模和规模变化导向，具体落实到未来的规划规模，因此仅设定增减趋势与幅度。然后应用参数，对 10 个农业升级型典型示范案例村庄进行模拟。以历史某一时期的土地利用作为模拟的工作起点，模拟 2021 年的村庄三生空间布局，并与现状 2021 年村庄土地利用布局进行对比验证，运算得到 5 个村的 Kappa 系数。经过对参数的反复调试，使得 10 个农业升级型典型示范案例村庄的 Kappa 系数基本达到 0.6，即代表最终设定的参数符合农业升级型村庄三生空间演变的大体趋势，可应用于其他同类型村庄三生空间布局模拟。

其中，凉风垭村 2035 年未来像元总量设定中，规划未来生活用地需要根据相关规划标准进行设定。由于凉风垭村特殊的区位特征，紧邻镇区的背景下村庄人口的确难以回流，村庄现状人口规模很有可能是未来人口规模的重要参考，现状户籍人口数量可能难以维持，成为预测未来人口规模的依据，因此预估计算 2035 年凉风垭村人口规模在 1800 人左右，凉风垭村未来像元总量等参数设定结果见表 7-2～表 7-4。

表7-2　凉风垭村模拟未来像元总量参数设定结果　　　　　　（单位：个）

像元总量	复合生产用地	其他生产用地	生态用地	生活用地	其他用地
现状像元总量	61 185	28 574	48 266	26 494	9 027
未来像元总量	77 000	21 875	55 644	10 000	9 027

表7-3　凉风垭村模拟成本矩阵参数设定结果

用地	复合生产用地	其他生产用地	生态用地	生活用地	其他用地
复合生产用地	1	0	1	1	0
其他生产用地	1	1	1	1	0
生态用地	1	1	1	0	0
生活用地	1	1	0	1	0
其他用地	0	0	0	0	1

表7-4　凉风垭村模拟邻域权重参数设定结果

参数	复合生产用地	其他生产用地	生态用地	生活用地	其他用地
邻域权重	1	0.3	0.6	0.8	0

（2）三生空间模拟

将上述参数输入 FLUS 模型，并将凉风垭村现状土地数据与驱动力数据输入 FLUS 模型中，即可进行村庄三生空间模拟。

模拟后，整体上村庄三生空间模拟结果基本遵循生态空间格局修复、集中扩张，生产空间因地制宜，农林复合，生活空间简化格局，向路扩张的优化方向，符合复合农业型村庄空间发展要求。通过与现状用地的对比可以明显看出，村庄东南侧的生活用地大量减少，一方面在镇区的引力下村庄人口更容易流向镇区，生活用地不再需要；另一方面结合地形分析结果转为生产用地，整合形成了较为规整成片的生产空间。其次北侧生态用地间的生活用地也集中缩减，转化成生态用地，即恢复了北侧山体林地的生态性，避免了建设开发对其进一步造成的不利影响。同时西侧聚落有局部扩张趋势，且整体村庄保留下来的集中聚落也基本位于道路两旁，沿路布局态势明显（图7-12）。

A. 三生空间格局

模拟是将用地转化为等大的像元，并与周边像元进行相互转换，因此虽然在整体上能依据模拟结果看出各类用地的变化趋势与规模调整，但从规划落地角度来说，小部分用地的分布随机性、破碎化并不是用地规划整合应有的结果。因此，对于凉风垭村的模拟结果需要进行进一步的结构提取，将模拟结果中所体现的三生空间格局提炼出来，才能更有效地指导国土空间布局（图7-13）。

B. 产业空间引导

凉风垭村所在的板桥镇由于较差的区位条件，在整个永川区已属于低发展水平农业型。而凉风垭村又是紧邻镇区的村庄，受城镇化影响较大，农业发展还处于初级阶段，以

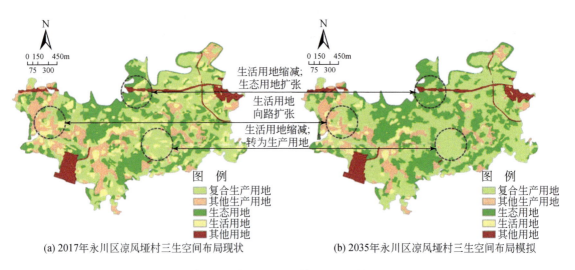

(a) 2017年永川区凉风垭村三生空间布局现状　　　(b) 2035年永川区凉风垭村三生空间布局模拟

图 7-12　永川区板桥镇凉风垭村三生空间模拟前后对比

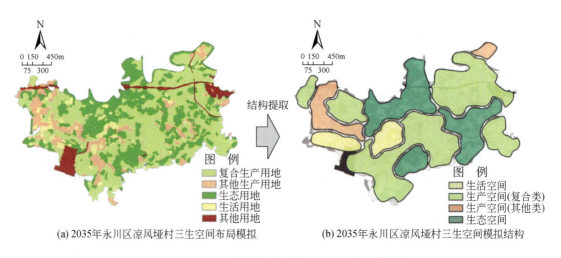

(a) 2035年永川区凉风垭村三生空间布局模拟　　　(b) 2035年永川区凉风垭村三生空间模拟结构

图 7-13　永川区板桥镇凉风垭村三生空间格局结构提取

传统的家庭承包式的种植、养殖农业为主。近年来在周边村庄的引领下，利用空间复合的农业生产模式，开始种植花椒、柚子，并成立合作社。

根据《永川区板桥镇总体规划修编（2014年编制）》（以下简称《板桥镇总体规划》），凉风垭村农业发展可以利用好村外东西两侧的集中农业区，引进村以西的生态农业种植区的新型技术和方法，以农业项目为依托和带动，在保护生态环境的前提下进行农业生产；利用村以东的观光农业集中区，参考模式可成为观光农业的拓展区域，并考虑引入农业生产技术研发与物流仓储功能，从而吸引人流量，为村庄现代农业发展提供可能（图7-14）。

综合以上分析，结合村庄地形条件分析，规划村庄西侧在有限且地形复杂的土地上，充分利用并持续优化复合农业生产模式，以种植花椒、柚子为主，形成特殊的生产模式示

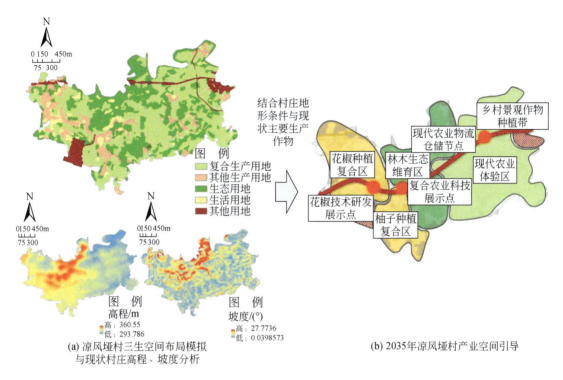

(a) 凉风垭村三生空间布局模拟
与现状村庄高程、坡度分析

(b) 2035年凉风垭村产业空间引导

图 7-14 永川区板桥镇凉风垭村产业空间引导规划

范区。村庄东侧以现代农业发展为目标，在相对平整的区域进行粮油种植、经果林种植。由此形成花椒/柚子种植复合区、现代农业体验区、林木生态维育区三大产业片区。同时，配合村庄县道，将引入新增的农业科技研发与展示、物流仓储功能集中在县道两侧，形成乡村景观作物种植带，利用好邻近镇区的优势区位，将凉风垭村的农业发展生态技术对外展示，成为板桥镇的"名片"。各产业空间内具体的土地整治与功能需求如下。

1）花椒/柚子种植复合区是以种植花椒、柚子为主的农业生产片区，片区内土地类型以园地为主。该片区地形较为复杂，能供种植生产的区域较少，因此该片区可以利用复合农业的生产模式，提高区域农业产出效率。通过农学相关理论研究，可以充分利用花椒幼林及挂果期的林下资源，提高土地利用率，以种促养。具体可复合生产的作物包括三叶草、小冠花、马铃薯、大豆等（韩昭侠等，2019），柚子林下同理也能种植辣椒和黑豆，养殖鸡鸭，助农增收。在土地功能上由于土地资源有限，适当考虑增加设施农用地即可。

2）现代农业体验区是以粮食、蔬果种植为主的农业生产片区，片区内土地类型以耕地为主。该片区兼顾休闲观光与农业研发等功能，因此在功能上可预留一定的空白用地供设施布局。在土地整治上，适度规模，耕地大多以顺应等高线的梯田为主，因此简化内部田间道路，完善内部灌溉系统，适地种植农田防护林防止水土流失。

3）林木生态维育区是未来乡村产业转型发展的潜在区域，片区内土地类型以林地为主，优先恢复生态用地，补种林木。

7.3.1.4 国土空间布局规划

在参考基于 FLUS 模拟结果提取的凉风垭村村庄三生空间格局和产业空间引导的同时，综合考虑村庄现状各用地的建设情况与实际需求，以及复合农业型典型示范案例的用地布局模式，得到凉风垭村的国土空间布局方案。

具体而言，由于凉风垭村是山地区域的村庄，生态保育是首要工作。凉风垭村通过规划，林地总体规模增加 31.91hm²，同比增长 41.73%，重点将北侧原本林地区域内的村庄宅基地腾退，拆除面积约 5hm²，并恢复为林地，保证村庄原有生态空间的服务价值。其次耕地总体规模增加 12.17hm²，同比增长 7.96%。园地总体规模减少 8.07hm²，同比减少 11.31%。单从规模上耕地与园地均发生较大的变化，但通过布局可以明显看出耕地与园地的优化，耕地集中布局在村庄地势较平坦的东、南两侧，而园地则集中布局在村庄地势较复杂的西侧，相比于规划前更加规整，在产业空间引导下合理集中布局生产用地，响应不同生产片区的生产模式。同时为了强化农村产业，在两条公路交叉处规划约 1.2hm² 的物流仓储用地。而在现代农业与复合农业的加持下，传统的就近耕作模式已被淘汰，耕作半径限制不再成为山地区域村庄居民点散布的原因，因而凉风垭村整体生活空间规模缩减 40.87hm²，同比减少 57.88hm²，从原来 19 个村民小组，80 多个居民点，规划撤并为 6 个居民点，让生活空间更加集聚，更好地配置公共服务设施，也让村庄的生产空间不再零碎。其他用地规模与布局未发生较大调整，基本与现状保持一致（图 7-15）。

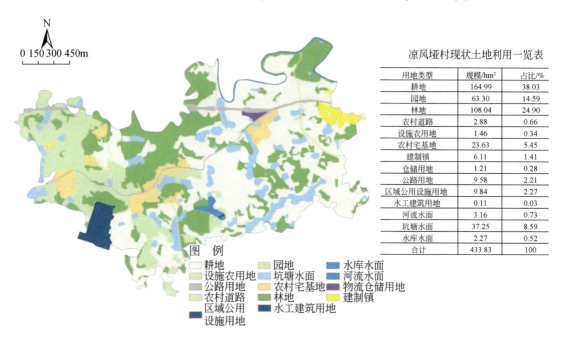

凉风垭村现状土地利用一览表

用地类型	规模/hm²	占比/%
耕地	164.99	38.03
园地	63.30	14.59
林地	108.04	24.90
农村道路	2.88	0.66
设施农用地	1.46	0.34
农村宅基地	23.63	5.45
建制镇	6.11	1.41
仓储用地	1.21	0.28
公路用地	9.58	2.21
区域公用设施用地	9.84	2.27
水工建筑用地	0.11	0.03
河流水面	3.16	0.73
坑塘水面	37.25	8.59
水库水面	2.27	0.52
合计	433.83	100

图例

耕地　园地　水库水面
设施农用地　坑塘水面　河流水面
公路用地　农村宅基地　物流仓储用地
农村道路　林地　建制镇
区域公用设施用地　水工建筑用地

图 7-15　基于数字化模拟的永川区板桥镇凉风垭村国土空间布局规划

7.3.2 产业变革型聚落——陕西省杨陵区揉谷镇权家寨村

7.3.2.1 村庄概况

揉谷镇权家寨村村域面积约 1.24km²，南临太子藏村，西宝高速穿过，北有渭惠路穿过，东临杨陵区揉谷社区，西为农业种植区。主要农产品有白花菜、杏子、洋蓟、番茄、豌豆苗，现推广金银花种植加工。2016 年 12 月，陕西省爱国卫生运动委员会命名权家寨村为 2016 年度陕西省省级卫生村。

权家寨村所属有一家杨凌兰晟果业有限公司。南临太子藏村，有一家专业合作社和一家农场有限公司，分别为杨凌星辉生态农牧专业合作社、杨凌鑫乐园家庭农场有限公司。现状居民点集中于村域中部位置，东侧、东北侧、南侧皆有部分工业区分布，公共服务设施配套相对完善。

7.3.2.2 国土空间格局

对揉谷镇权家寨村的 2016 年土地利用数据提取，输入至 ArcGIS 平台，将数据重分类，并规定输出像元大小为 5，转为栅格导出。其次利用 ArcGIS 平台对权家寨村进行高程、坡度、坡向分析，最后对道路、生产资料等进行欧氏距离分析，并均统一输出同样像元大小的栅格分析结果作为模拟驱动力数据。将类型参数代入模型，输出 2035 年规划模拟结果。可明显看出，相比 2016 年用地，模拟后产业用地进行小范围扩张，且沿道路方向蔓延。对三生空间进行提取，得到三生空间布局结构（图 7-16）。

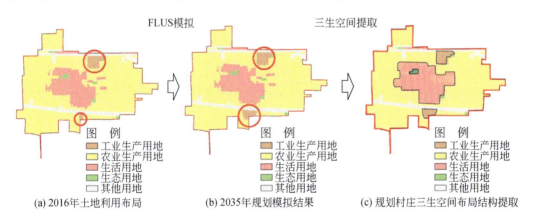

图 7-16 权家寨村土地利用模拟

7.3.2.3 村域产业规划

基于现状产业分布情况，权家寨村工业用地主要分布于北侧，大棚等生产资料散布于聚落组团周边，果园位于南侧。结合高程、坡度分析，现状专业合作社以及果业有限公司的发展情况，确定产业规划布局。权家寨村整体定位为农业加工、合作协同区。果园规模扩大，与南侧太子藏村协同发展，为其提供生产资料；其次在北侧形成农产品采摘、物流、仓储基地，依托交通干道充分发挥区位优势；西侧结合大棚种植区，形成农产品初加工基地；东侧结合现有果业有限公司加快发展，进行农产品精加工，打造果业品牌（图7-17）。

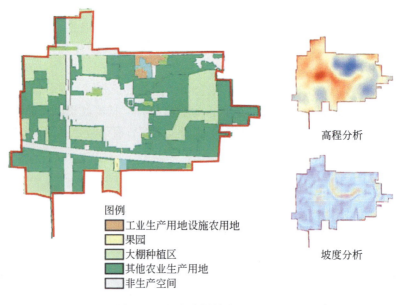

图例
- 工业生产用地设施农用地
- 果园
- 大棚种植区
- 其他农业生产用地
- 非生产空间

高程分析

坡度分析

图 7-17 权家寨村村域产业规划

7.3.2.4 土地利用规划

FLUS 模型在用地精细度上存在一定的缺陷，因此结合基于FLUS 模拟的三生空间布局结构和前文提炼的村域产业布局规划，优化并确定村域土地利用规划（图7-18）。

7.3.2.5 耕地与生态红线保护

分析村域土地利用图，划定国土空间规划的三区三线。其中建设空间包含住宅用地、农村宅基地、各类公共服务设施用地、工业用地、设施农用地、道路用地。农业空间包含水田、旱地、园地、养殖水面等。生态空间包含林地（生态主导功能）、草地、河流水面、湖泊水面、水库水面、滩涂、沼泽地、盐碱地、裸地（图7-19）。

7.3.3 休旅介入型聚落——天津市蓟州区官庄镇双安村

7.3.3.1 案例选取与模拟数据处理

官庄镇双安村与官庄镇镇区邻近，位于九花顶与八道沟山脉之间，南接燕山西大街，

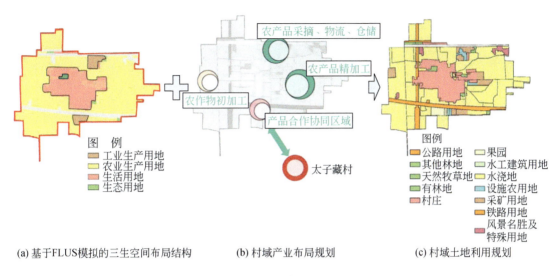

(a) 基于FLUS模拟的三生空间布局结构　　(b) 村域产业布局规划　　(c) 村域土地利用规划

图 7-18　权家寨村土地利用规划

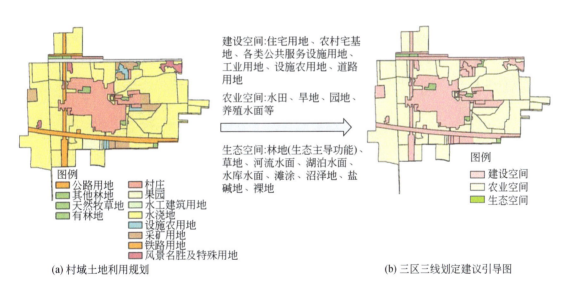

(a) 村域土地利用规划　　　　　　　　　　(b) 三区三线划定建议引导图

图 7-19　权家寨村耕地与生态红线保护

北接梁后村，东西皆为山脉。村庄占地面积 3.8km²，村内林地面积占 74%，耕地仅有约 6 亩旱地，主要农业生产为果园种植，村庄生态环境良好。

村内建筑依山就势，呈现分散化，现状有少量自发运营的农家乐分布其中，村内原有天津纺织集团（控股）有限公司工人疗养院、盘山大理石厂，疗养院位于村内北部，已经荒废。依据村庄发展资源条件及上位规划导向，将双安村确定为生态休闲情景，进行空间重构模拟（图 7-20）。

收集并整理 2012 年和 2019 年土地利用数据，现状高程数据和主要的道路信息输入 ArcGIS 平台。将两期土地利用数据重分类，得到两期重分类下的土地利用数据。其次利用

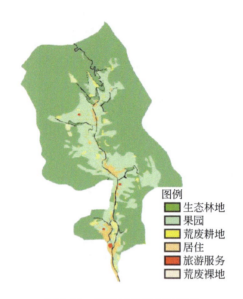

图例
生态林地
果园
荒废耕地
居住
旅游服务
荒废裸地

图 7-20　双安村功能布局现状

ArcGIS 平台对双安村进行高程、坡度、坡向分析，最后对道路、特色资源、现状资源点进行欧氏距离分析，并统一输出同样像元大小的栅格分析结果作为模拟驱动力数据。综上即处理好村庄 FLUS 模型模拟的基础数据，具体数据结果如图 7-21 所示。

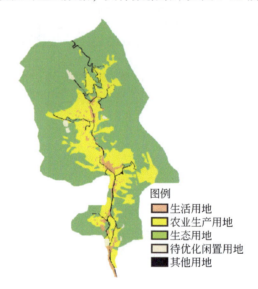

图例
生活用地
农业生产用地
生态用地
待优化闲置用地
其他用地

图 7-21　ArcGIS 平台中双安村土地数据和驱动力分析栅格化结果

7.3.3.2　村域空间模拟

将前文提取的类型参数代入模型，输出双安村土地利用模拟结果，形成村域三生空间体系结构。与现状用地相比，村域生产空间整合，生态空间优化，生活空间分散少量扩张，生活空间与生态生产空间交融，符合客观规律（图7-22）。

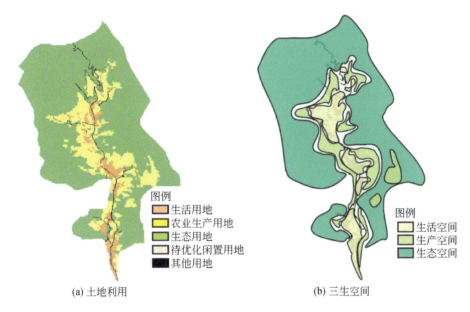

(a) 土地利用   (b) 三生空间

图 7-22　双安村土地利用模拟与村域三生空间体系

7.3.3.3　村域产业规划与布局

通过现状解读与资源环境综合考虑，将双安村总体定位为特色生态康养乡村。充分利用双安村原有资源及原生景观环境，结合村庄特色生态农产品，打造集康养休闲、养老服务、生态观光、运动休闲、养生科普于一体的近郊特色生态康养乡村，提出村域旅游产业项目库（表7-5），结合土地利用布局与三生空间体系，形成村域产业布局。

表 7-5　双安村旅游产业项目库

功能	项目库
居住	特色民宿（山野宅院、乡村客栈、山野别墅等类型）、康养度假酒店
商业	特色餐饮、生态食品、养生文化街
养生	疗养中心、生态养生会馆、运动康养馆、森林康养项目、生态食养馆
休闲观光	森林公园、生态观光步道、观光果园
科教研发	康养科普馆、生态康养研究
农业	果园观光体验

7.3.3.4 土地利用规划及国土综合整治

模拟模型在用地精细度和灵活度方面相对还存在一定空缺，所以基于模拟结果及村域产业体系，优化确定村域土地利用规划。在此基础上，基于用地转化情况，提出国土综合整治目标，包括耕地整治 2.63hm²，生态修复 3.51hm²，闲置用地利用 0.65hm²（图 7-23）。

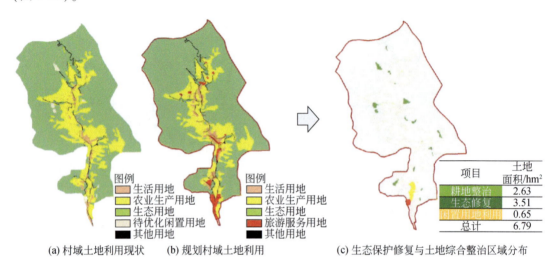

项目	土地 面积/hm²
耕地整治	2.63
生态修复	3.51
闲置用地利用	0.65
总计	6.79

(a) 村域土地利用现状　　(b) 规划村域土地利用　　　(c) 生态保护修复与土地综合整治区域分布

图 7-23　土地利用规划及国土综合整治

第8章 聚落建设空间设计方法

8.1 聚落建设空间类型图谱

聚落的形态类型划分因切入视角不同而各有差别。其中，单视角的划分方式由来已久，尤其以边界形态为主的视角划分较为主流，如道萨迪亚斯在人类聚居学相关理论中提出了圆形、规则线性、不规则形三类聚落形态（吴良镛，2001）；浦欣成（2012）依据聚落边界闭合图形的形态特征提出了团状、带状、指状三种类型。按照集聚情况的划分也较为常见，如金其铭（1982）提出了聚集型、断续散漫型等亚类划分；陈永林和孙巍巍（2007）提出了聚集型、松散团聚型和散居型乡村聚落。此外还有部分按照路网情况划分为树枝型、中心放射型与网络型（葛丹东等，2017），或按照内部结构划分为集中型、组团型、放射型、象征型、灵活型（业祖润，2001）等。

随着研究的深入和细化，更多的研究开始以边界形态为基础，从综合的视角进行划分，如综合自然地理条件和区位划分为沿河、沿山脚、沿山脊的线型，围绕晒坝、食堂、功能性建筑的组团型，简单及复合的台阶型，以及散点型（田莹，2007）；综合集聚情况划分为散点式、带状式和集中式（程鑫等，2022）；综合内部结构划分为均衡镶嵌型与轴带依附型（黄亚平和郑有旭，2021）；综合路网情况和内部结构在团块、条带、点簇三个形态大类下划分出一字式、井字式、干枝式、弧线式、聚点式等 8 种类型（贺艳华等，2013），分类方式多样。

依据相关研究成果，本书结合村落分布、边界特征、地形等自然条件和路网结构等因素，从空间形态结构角度进行村落空间形态类型的分类。本章将其类型分为集中团状式、组团分布式、带状延伸式和点状分散式四种基本空间图谱类型。

8.1.1 集中团状式

集中团状式聚落主要集中分布在平原地区，地势平坦且开阔，在没有特殊地形干扰下，易于在区位条件优异的区域形成集聚状的村镇聚落建设空间。该类型村镇聚落建设空间形态呈现出近似圆形或方形，边界相对规整，外围无零碎孤立空间。内部建筑肌理规整、密集，且排列有序，院落形态大多均质规整。内部街路排列多为线性垂直交叉方式，街巷层次感比较强。在本研究中，四川省成都市战旗村、陕西省杨陵区崔西沟村、北京市大兴区北蒲洲营村等典型案例村庄的聚落建设空间是该类型空间形态（图 8-1）。

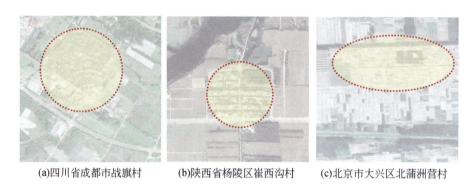

(a)四川省成都市战旗村　　　(b)陕西省杨陵区崔西沟村　　　(c)北京市大兴区北蒲洲营村

图 8-1　集中团状式村镇聚落建设空间

8.1.2　组团分布式

组团分布式聚落的空间形态以团状放射型居多，一般分布在大规模平整土地上，大平原开阔的地势，村落呈方形或圆形，建筑街道分布较为稀疏，村落比较通透，建筑密度较小，各院形成相对独立的空间。该类型聚落一般是沿道路、河流分布，在满足耕作半径要求前提下进行集聚，形成大小较为均质的空间斑块，如江苏省溧阳市礼诗圩村、庆丰村，陕西省礼泉县白村等（图 8-2）。

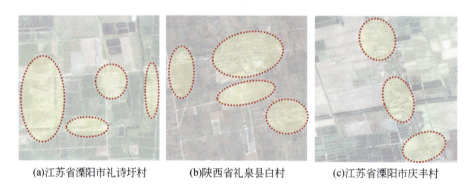

(a)江苏省溧阳市礼诗圩村　　　(b)陕西省礼泉县白村　　　(c)江苏省溧阳市庆丰村

图 8-2　组团分布式空间形态

8.1.3　带状延伸式

带状延伸式聚落主要集中分布在特殊地形地区，在山地地区受限于聚落建设难度，易于在山间沿道路延伸形成村镇聚落建设空间；而在水乡地区，由于丰富的水系网络，大多村镇聚落建设空间会沿水系布局，享受独特的生态环境。该类型村镇聚落建设空间形态大多沿道路、沿水系呈现出条带状，聚落空间宽度一般不会过大，与山体、水系保持一定的间隔距离。内部建筑大多保留现状，但新建建筑肌理相对规整，会沿着道路或水系走向规整排布。内部街道多为尽端路，串联至主要道路服务该组团即可。在本研究中，湖南省常德市青苗社区、浙江省湖州市鲁家村、陕西省杨陵区王上村等典型案例村庄的聚落建设空间是该类型空间形态（图8-3）。

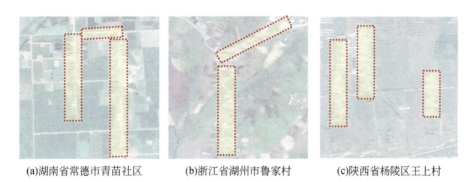

(a)湖南省常德市青苗社区　　　(b)浙江省湖州市鲁家村　　　(c)陕西省杨陵区王上村

图 8-3　带状延伸式村镇聚落建设空间

8.1.4　点状分散式

点状分散式聚落大多分布于丘陵、山谷、山脚等有一定地形限制的地区，整体规模一般较小，边界不规则。聚落整体排布松散，建筑密度较小，各分散点通过主要道路串接，与自然地理条件等原始环境融合度极高。内部建筑布局一般为以分散点为单位的并列式排布，或沿路顺应地势排布，存在一定向心性，内部主干道路明显，支路较为灵活。在本研究中，重庆市大足区长虹村、四川省成都市菠萝村、天津市蓟州区砖瓦窑村等典型案例村庄的聚落建设空间属于该类型空间形态（图8-4）。

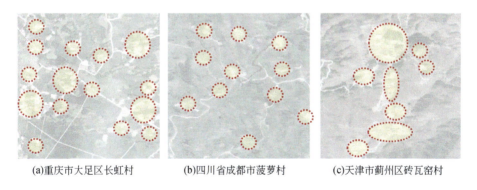

(a)重庆市大足区长虹村　　　(b)四川省成都市菠萝村　　　(c)天津市蓟州区砖瓦窑村

图 8-4　点状分散式聚落典型案例

8.2　聚落建设空间优化模式

聚落的空间形态是乡村营建策略研究重点关注的空间层面。从要素构成方面来看，主要包括聚落范围内的道路、地块、建筑以及影响村落居住环境质量的村内绿化、水系、防护林等乡土景观要素。本书所探讨的核心空间形态要素是在聚落边界中，依托道路、建筑形成的平面肌理和空间秩序，在一定程度上反映乡村聚落的社会文化特征和气候适应性。从规划角度，乡村聚落空间形态的优化主要是针对聚落内部的街巷组织关系和建筑空间布局。在规划设计时，不同阶段、不同类型的乡村聚落侧重的要素与手法会有一定区别。例如，在自然发展条件下，聚落空间的优化一般是延续长久以来对自然条件和交通区位的依赖，聚落空间会向气候环境适宜、地质地貌良好、水资源丰富、交通便利等具有有利自然条件的地方拓展；在政策引导、规划介入、市场经济发展的影响下，自然因子对村庄聚落空间优化的影响力逐渐被削弱，城乡建设空间的统筹规划、政府的政策措施等经济因子和政策因子在村庄聚落空间形态优化过程中起到决定性作用，聚落空间的优化则会根据宏观导向需求进行布局和调整，同时促进聚落产业经济的发展。

　　村庄聚落的大致发展趋势和最终的优化模式需要在全面多指标分析各村庄聚落情况后权衡确定。基于典型案例样本的静态特征和动态特征，从肌理的延续性和优化的动态性两个角度进行分析。静态层面结合已有研究理论的基础与自组织体系下的聚落空间优化导向，动态层面结合政策规范相关要求和聚落空间优化导向，两者综合考虑，将聚落形态规划的原型归结为三种模式：整合新建、组团拓展和渐进更新（表8-1）。

表 8-1　聚落建设空间优化模式

布局模式	现状模式	优化模式	说明	典型案例
整合新建			集中式聚落单体一般以交通节点为中心，节点附近的内圈层主要布局生活性公共服务功能与集中式公共空间，满足日常村民生活需求，日常接待与节日集会都有其承担空间。外圈层则主要布局居住功能和少量的公共服务功能	四川省成都市战旗村、山西省朔州市南小寨村
组团拓展			核心聚落进行规模化有序化布局，在轴线上加强和生产单元的功能、交通联系。非农生产空间和种养空间结合布局，并与加工设施、生活服务设施结合形成新的空间组团。同时各组团保持适当规模，注重加强要素的内外交换	辽宁省沈阳市方巾牛村、浙江省杭州市径山村
渐进更新			在复杂地形条件下，大部分已建成的聚落住宅布局基本已经较为成熟。因此住房布局在控制合理规模的前提下，遵循"顺应地形"布局的原则对原有聚落住房建筑进行优化。遵循原有村庄建筑肌理，选择集中式与自由式布局均可	四川省成都市龙黄村、山东省菏泽市丁楼村、福建省漳州市客寮村

8.2.1 整合新建

整合新建对原村庄聚落用地功能、建筑格局、配套设施、景观面貌等方面全方位进行更新，彻底改变原村庄聚落空间形态，按照构想的合理聚落空间布局进行规划，具有很大的空间发挥性。其规划手法一般是将多个村庄聚落整合形成一个规模较大的新聚落，依托优越的交通条件，将自然村庄整合重建，统一建设建筑风格一致的新型乡村聚落，并配置相应规模的公共基础设施及服务设施，进一步改善生活环境，最终形成功能多样复合的现代和传统融合的新村落。操作模式上，主要通过规划引导、政府和地方共同投资、村民配合建设，不仅可以改善村庄的居住环境，而且给村民带来新的生活方式，实现人居环境和生态环境的和谐统一。总体而言，这种模式有利于整合各种资源优势、最优化高效利用基础设施、推动村庄聚落经济结构调整，是现阶段中西部地区采取的主要聚落用地布局优化方式（图 8-5）。

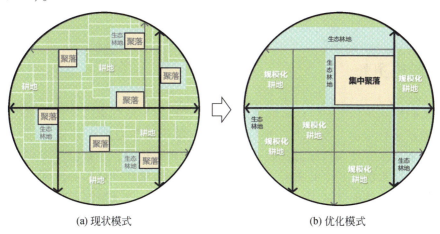

(a) 现状模式　　　　　　　　　　(b) 优化模式

图 8-5　聚落重建模式

8.2.2 组团拓展

组团拓展模式一般是由于村庄聚落人口不断增加或不能够满足新的经济发展需要等各种原因，在对聚落进行内部整治改造的基础上，向聚落外围有计划扩张的一种聚落用地布局优化模式。一般而言，原始聚落以老年人居住为主，聚落扩建部分以年轻人居住为主。原聚落经内部整治改造，间缝插绿，营建更多的绿地空间和公共空间，有利于聚落环境的改善和老年人的交流活动。扩建部分的公共服务一般会较为齐全，如村委会、镇政府、停车场、网络中心等大多在聚落扩建部分中重新建设。若新建组团脱离原始组团布局，则一般是在新建组团中，靠近原始组团位置设置公共服务设施，这种设施方式能有效增加邻里交流，提高社区和谐感。此外根据不同类型组团的不同需求可自行设置附属功能，如农产品加工型、物流交通型、乡村旅游型等不同功能的组团会根据其功能需求设置不同的公共服务设施（图8-6）。

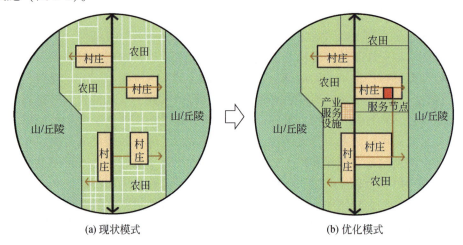

(a) 现状模式　　　　　　　　(b) 优化模式

图 8-6　聚落扩建模式

8.2.3　渐进更新

　　渐进更新模式是在对原村庄聚落整体空间形态格局不进行重大调整的情况下，只对局部关键要素进行整治与改造，挖掘村庄聚落内部用地潜力来提升和发挥土地利用优势，依据产业发展需要和村民公共服务需要，增加设施用地，逐步使村庄聚落用地分布趋于合理。从拓展的点状空间来看，必要的公共服务设施和产业服务设施一般会在交通便利、服务范围合理的区域进行补足。此外，从功能上，点状更新的案例一般是由乡村旅游主导，所以原有的纯居住空间会逐渐演化为包含餐饮、住宿、零售等功能的复合型空间（图8-7）。

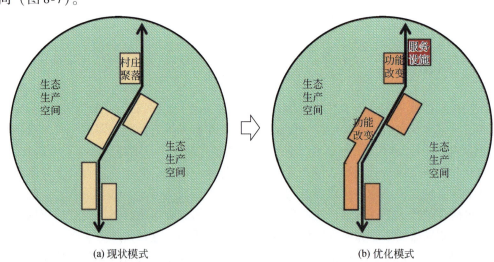

(a) 现状模式　　　　　　　　(b) 优化模式

图 8-7　聚落渐进更新模式

此外，点状更新模式下的聚落结构优化更加注重内部存量空间的再利用。在原有组团内部，一般是通过利用空余宅基地空间和闲置的村庄建设用地进行更新式的优化。通过拆除使用价值相对较低的建筑，活化与再利用聚落闲置地等手段营造聚落公共活动空间或绿地空间，完善聚落配套基础设施。由于这些地方是散点式布置在居住用地中，改造后的村庄公共配套设施会分散布置在聚落内部，公共活动空间以宅前宅后的小型交流空间为主，从而达到局部改善到整体更新，形成更为宜居的人居空间（图8-8）。

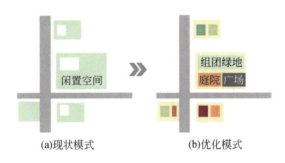

图 8-8 聚落渐进更新模式平面示意

8.3 农业升级型聚落建设空间优化

农业升级型聚落的建设空间整体以品质提升为主，进行肌理重塑。传统村庄生产、生活空间难以满足现代化农业和生活需求，所以在农业升级的刺激下乡村聚落从传统农耕习惯下的分散式聚落空间，逐渐转变为配套设施完善的集中式乡村社区，力求建设用地的使用效率达到最大化，同时配套完善的公共服务设施，补足传统乡村聚落的短板，但也需要注意控制肌理的密度，营造良好的乡村生活景观，避免丧失了宜居的生活空间。

8.3.1 策略一：集聚重建，完善功能

在规模农业模式下，根据典型示范案例布局特点进行总结，该类型聚落建设空间可以采用"集聚重建，完善功能"的方式进行优化。

（1）功能布局

遵循设施均等化建设便捷化的原则，集聚重建式聚落的功能布局需要充分考虑功能混合和空间融合。一般以交通节点为中心，用地功能上主要呈现出圈层式布局。首先，在交通节点附近的内圈层，主要布局生活性服务功能与集中式公共空间，满足日常村民生活需求，日常接待与节日集会都有其所能承担的空间；其次，中间圈层则主要布局生产性服务功能，包括合作社、土地承包企业等，就近为农村社区居民提供一定的再就业机会；而外圈层则主要布局居住功能和少量的公共服务功能（图8-9）。

在不同功能的布局上，核心公共服务设施、商业性设施布局在主干路两侧，便于同时服务村民及外来人群；而幼儿园、公益性服务设施等布局在组团内部，以服务村民为主，

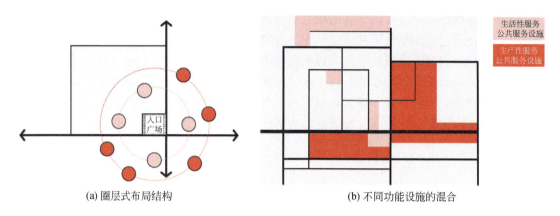

(a) 圈层式布局结构   (b) 不同功能设施的混合

图 8-9 规模农业型聚落服务设施布局示意

同时避免交通干扰；公共空间主要依托道路两侧，形成线性的公共空间体系，并与出入口处的集散广场进行衔接，因此需要重点提升沿路空间品质。景观环境的优化需要充分结合功能设施的布局与公共空间的利用，将核心广场、景观与公共服务设施结合布局，形成聚落的几何中心和活动中心。同时依托道路两侧，形成线性的公共空间体系，并与出入口处的集散广场进行衔接，重点提升沿路绿化及设施。道路两侧绿化自然式种植，还原乡村自然景观风貌。街旁路灯、景观小品等设施符合村庄整体风貌，不能过度采用城市的设施风格与设计。居住功能外围设置景观绿化带，既能延续引入田园景观风貌，又能与生产空间起到一定的隔离作用（图 8-10）。

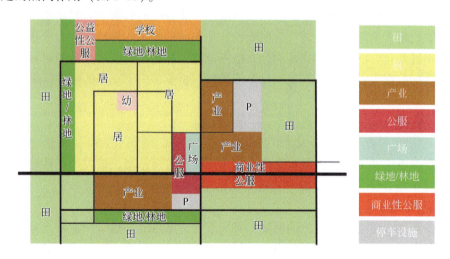

图 8-10 规模农业型聚落功能布局示意

（2）交通组织

集聚重建式的聚落选址就选在主要道路交叉口附近，因此其外部道路基本就依靠村庄的主要道路即可，与外界或其他聚落交流相对便捷。另外，大多农村集中社区是原来多个聚落撤并后择地新建而成，因此内部道路经规划后相对规则，网格式布局，基本以划分社区组团为目的设计。此外，可以在远离居住功能的区域设置停车场，满足一定的停车需求（图8-11）。

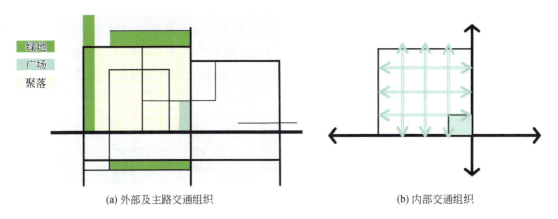

（a）外部及主路交通组织   （b）内部交通组织

图 8-11 规模农业型聚落交通组织示意

（3）建筑布局

在住房上，首先依据当下农村"一户一宅"的政策要求，在退让道路一定距离的情况下，合理确定村庄聚落宅基地规模，划定聚落单体范围内每户宅基地的建设范围。其次在布局上依照地域性住宅建筑布局要求，对村庄住房建筑的朝向、高度进行引导管控。基本上规模农业型村庄聚落住房大多依托内部道路，单排行列式布局，建筑高度基本不超过三层，并合理退让，预留适宜的楼间距与宅前绿化空间（图8-12）。

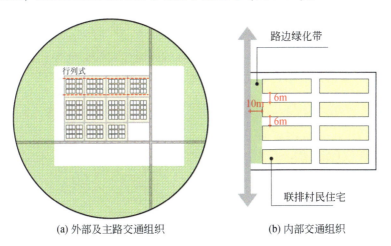

（a）外部及主路交通组织   （b）内部交通组织

图 8-12 规模农业型聚落交通组织示意

8.3.2 策略二：线性延伸，丰富空间

在特色农业模式发展下，根据典型示范案例中聚落单体的布局特点总结，整体上延续

水乡区域聚落布局特征，以完善传统聚落单体功能配置为主，采用"线性延伸，丰富空间"的策略对空间进行优化。

（1）功能布局

村庄聚落单体大多与水网结构紧密联系，单个聚落基本以带状形式沿水布局。因此，不同区位条件的聚落在功能布局上有所不同。靠近村庄主要道路的聚落会在临路一侧布局生活性和生产性服务设施功能，后面即为基础的居住功能。而不靠近村庄主要道路的聚落，聚落功能上只有居住或少量的商业，同时会在聚落入口设置公共空间（图8-13）。

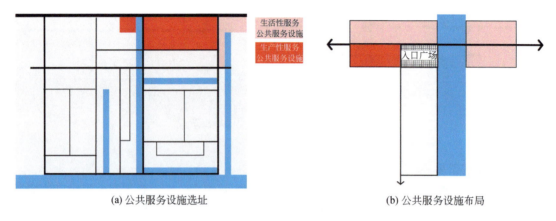

(a) 公共服务设施选址　　　　　　　　(b) 公共服务设施布局

图 8-13　特色农业型聚落服务设施布局示意

此外，依托村庄良好的生态本底，围绕丰富的水系条件，将村庄绿地景观主要布局在庭院、住宅建筑前为主，靠近水体，丰富村庄滨水空间，保证良好的江南水乡景观特色。但与此同时，虽然该类村庄聚落人居环境建设在滨水空间，但滨水空间同样也是村庄生态与生活空间中最为敏感的地区之一。因此，营造的同时也要加以管控，避免水系遭受污染与侵蚀，从而影响聚落的滨水空间品质（图8-14）。

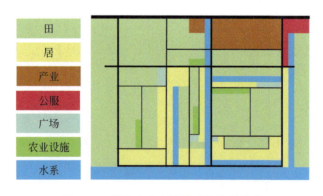

图 8-14　特色农业型聚落功能布局示意

（2）交通组织

由于村庄特殊的聚落格局，特色农业模式下的村庄内的路网也相对较密，大多依托一条主要道路，结合村庄水系网状布局，聚落单体基本不再需要考虑内部道路，聚落单体的外部交通基本满足聚落内村民所有通达问题，且都能便捷地到达村庄主要道路之上，让村民及时享受公共服务设施的服务（图8-15）。

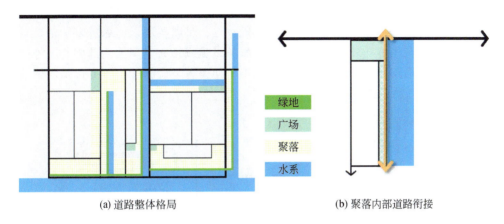

(a) 道路整体格局   (b) 聚落内部道路衔接

图 8-15 特色农业型聚落交通组织示意

（3）建筑布局

住房布局上充分考虑现状的水系，沿水单向联排村庄住宅建筑，并通过与水产生联系。着重营造亲水空间，形成具有优良环境品质、富有特色的滨水空间，一定程度上也能保护村庄居民原始的生产、生活方式，保持水乡地域村庄的原真性（图8-16）。

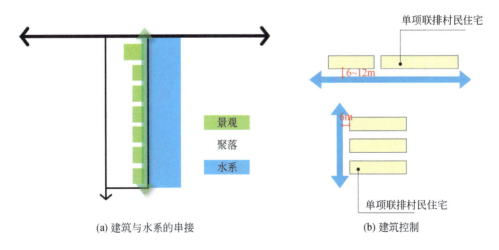

(a) 建筑与水系的串接   (b) 建筑控制

图 8-16 特色农业型聚落建筑布局示意

8.3.3 策略三：组团串接，肌理顺应

在复合农业模式下，依据典型示范案例中聚落单体的布局特点进行总结，该类型聚落

需要在保护山区生态环境、配合复合农业生产的前提下，充分利用山间过境道路两侧的空间，空间优化主要采用"组团串接，肌理顺应"的布局策略。

（1）功能布局

复合农业模式下的村庄聚落单体基本以聚落组团的形式布局在道路一侧，同时组团规模较小，各聚落组团间可能因地形使得空间间隔较远，难以实现设施服务多聚落覆盖。因此，村庄聚落单体在用地功能布局上以生活性服务设施或公共空间为内部中心，外围布局居住功能，最外围沿路布局部分生产性服务设施，使得各类设施优先服务该组团聚落及部分邻近聚落（图8-17）。

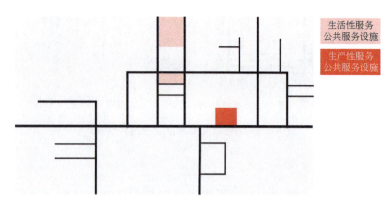

图8-17　复合农业型聚落服务设施布局示意

在复合农业型村庄聚落内部，由于建设用地有限，要在不破坏当地自然环境的条件下保持乡村田园风光，需要进行生态化建设，根据用地条件、交通条件实际情况设置集中式的公共开敞空间，注意人工与自然相结合，充分利用宅前空地或小组团内中心小广场等，可适当散状布局，以免失去乡村传统空间特色。同时在聚落外围布局绿化景观带，既能起到一定的隔离作用，控制生活用地扩张，又能充分引入山区特有的林木景观，提升村庄整体人居环境品质（图8-18）。

图8-18　复合农业型聚落功能布局示意

（2）交通组织

由于山区地形复杂，大部分道路只能顺着地形等高线，最终汇聚在一条对外的主要交通干道上，因此整体上村庄聚落单体呈现出鱼骨状路网结构，而这些支路上则会连接聚落单体，以此解决聚落单体对外交通问题。而在聚落内部道路则需要强化组团间的串联，增大聚落内部公共服务设施的服务覆盖面积，为聚落间的有机联系打好基础（图8-19）。

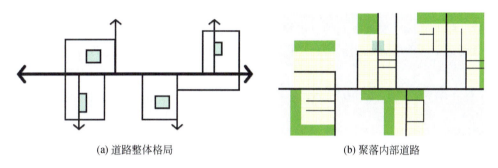

(a) 道路整体格局　　　　　　　　　　　　　(b) 聚落内部道路

图 8-19　复合农业型聚落交通组织示意

（3）建筑布局

在复杂地形条件下，大部分已建成的聚落住宅布局基本已经较为成熟，也难以再有大变动。因此住房布局在控制合理规模的前提下，遵循"顺应地形"布局的原则对原有聚落住房建筑进行优化。而对于新增建设的聚落住房布局，可以依据地形情况，遵循原有村庄建筑肌理，选择集中式与自由式布局均可（图8-20）。

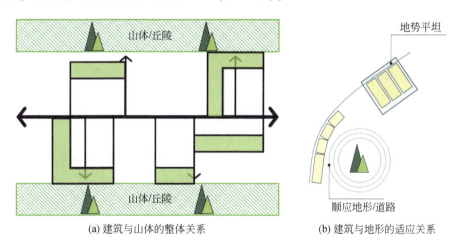

(a) 建筑与山体的整体关系　　　　　　　　(b) 建筑与地形的适应关系

图 8-20　复合农业型聚落建筑布局示意

8.4 产业变革型聚落建设空间优化

产业变革型乡村聚落空间模式是以产业主体、政府及居民为作用主体，在产业集聚、人口迁移和空间集聚的作用下，带来产业的集聚、乡村聚落空间的集聚和基础设施的集中，产生设施集中、空间集约和效益集显的综合效果，这一结果也会反馈于作用主体，进而保持过程的延续。根据不同的发展模式，产业变革型乡村聚落空间优化存在以下三种策略，分别为空间伴生，组团扩增；功能复合，带状延伸；产居融合，功能内嵌。

8.4.1 策略一：空间伴生，组团扩增

农业加工模式下，村民生活与农副产品加工联动发展，聚落组团与非农生产空间、生产资料基地的空间关系紧密，因此农业加工型乡村应采用"空间伴生，组团扩增"的布局形式进行聚落建设空间优化。

(1) 功能布局

农业加工型聚落建设空间的功能布局主要是在交通轴线上加强和生活、生产单元的功能、交通联系，对核心聚落进行整体化、有序化布局。规划应着重关注农业设施建设用地、仓储用地的合理布局，紧凑发展，并适当控制其规模。在具体布局时，加工生产性用地宜集中布置于交通便捷、基础设施较好的地段，考虑仓储用地和商业服务用地的混合，并保证居住空间与加工生产空间之间有一定安全距离。考虑到生产规模性以及生产污染性，除了少量必需的农产品生产加工用地和特色工业用地外，一般不安排新增工业用地。公共服务设施依据"联建共享、分期建设"的原则，内部公共空间和设施用地依据相应规范合理布局，完善和提高层次与服务能力。根据农业加工企业的人数变化确定设施规模的变动参数，进而确定公共服务设施规划规模，同时对商贸设施、医疗设施等重点规划，解决村民日常消费、卫生医疗的需要，有条件乡村可加强城乡公交站点建设，打通乡村间、城乡间联络通道。生产性服务设施，如各种瓜果蔬菜、牲畜生产等运输物流点，需要分片增设，以满足每个产业组团的生产需要（图 8-21）。

该类型聚落的建设空间可以加强用地的功能混合。根据产业链对用地进行合理组织、混合布局，如从茶叶种植（种植、采摘）到生产（晒青、发酵、摇青、走水等）再到仓储包装，将不同功能所需用地按照产品生产步骤结合布局，有效且快速实现茶产品生产、加工、运输。非农生产空间和种养空间结合布局，并与加工设施、生活服务设施结合形成新的空间组团。由于各组团多是以某种或几种产品为主体，形成原材料、加工、销售产业链分工的小微企业组成，要充分考虑原材料基地、人力资源、销售市场的关系。同时各组团保持适当规模，注重加强要素的内外交换（图 8-22）。

针对部分加工产业用地需求较少、分散使用情况，可通过"点状供地"方式进行供地。"点状供地"是指在坚守耕地红线保护的前提下，在城镇开发边界以外，按照项目开发建设的实际用地需求，灵活以"点状"供应土地，建多少、批多少，其最大的特点就是灵活，现今已在多个省市进行推广，如广东省于 2019 年出台的《广东省自然资源厅关于

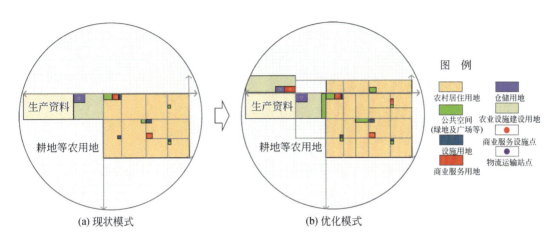

图 8-21　农业加工型聚落功能布局示意

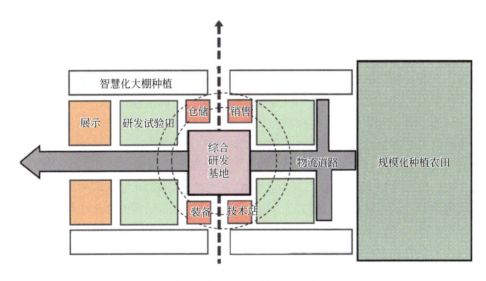

图 8-22　产业链条化的功能混合布局

实施点状供地助力乡村产业振兴的通知》提出点状供地项目以项目区为单位供地，结合实际需要整体规划建设，合理确定不同地块的面积、用途，按建设地块搭配供应或组合为一宗地整体供应，同时创新式提出"农业+"混合供地模式（图 8-23）。

（2）交通组织

农业加工型乡村在道路规划中，需要注意生产性交通和生活性交通的影响。由于农产品加工后产品运输所需的车辆往往是大型运输车，对集中停车场有一定需求，且加工企业运输道路若和村内生活交通道路交织过多，易出现交通拥堵，既影响产品对外运输效率，又严重影响村民生活，容易造成交通事故。因此规划中，需要既保证为加工生产提供便捷，又不影响居民点，还要为村民生活创造舒适、安全的交通环境。

动态交通组织：规划前期对现状道路使用情况实地调研，重点考虑村民日常生活车行

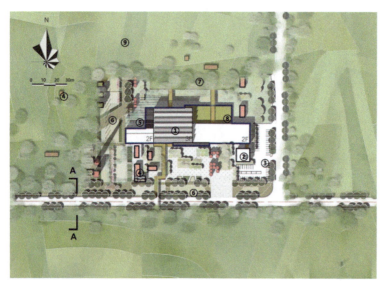

道路A-A剖面图

图　例
① 产研基地
② 仓储空间
③ 停车场
④ "互联网+"智慧化设备
⑤ 花椒研发农田
⑥ 隔离农田
⑦ 林地
⑧ 生态农业试验农田
⑨ 其他农田

图 8-23　"点状供地"模式下的农产品加工布局示意

步行交通、企业人员上下班交通和产品运输需要。规划中生产性道路（交通干道）可采用格网式快速联系生产单元和生活空间，起到功能联系、交通运输作用，生活性道路可依据地方特色，通过量化方法，对乡村道路发展脉络、尺度等进行定量统计，从而对道路进行规划调整。结合前文量化分析数据以及地方规范导则，一般而言，农业加工型乡村交通主干道路幅宽度可采用 8 ~ 12m。生活性道路规划需要结合乡村日常需求，如小汽车、非机动车等交通道路，路幅宽度为 4 ~ 5m。运输性交通材质使用硬质材料铺设。传统步行道路，可依据原路网肌理进行质量提升，采用地方材质，展示地域性和便捷性。

静态交通组织：农业加工型乡村的停车需求主要来自两个方面，一是加工运输车辆的停车需求，二是农户农用车、家用小汽车等停车需求。因此可采用"分类布局，有机分离"方式，其中加工运输车的停车场所可结合生产单元就近集中布置，在用地布局时考虑停车空间。农户日常停车需求可通过路边、宅间较为开阔位置设置部分停车位以及农户住宅设计私人停车空间解决。生产性停车和生活性停车有机分离，减少交通交织（图 8-24）。

（3）建筑布局

农业加工型乡村农业生产功能弱化，非农产业增强，产、居片区常独立设置，分别集中布局，形成产居分离的空间特征。因此该类型乡村住宅对农业生产后的仓储功能需求降低，居住功能强化。在遵循当地农户传统习惯和实际需求下，可引导新建住宅集聚建设，形成多层联排住宅以节约土地资源。在产居空间联系上，可通过便捷交通和完善的配套设施优化生活聚落和生产单元，并加强生活聚落和生产单元的沟通联系。从具体组织上看，建筑布局常常在生活性道路两侧，采用"依托道路、集中排布"模式布局，楼间距约为 6m，退让主要道路 10m 以上并形成绿化带（图 8-25）。

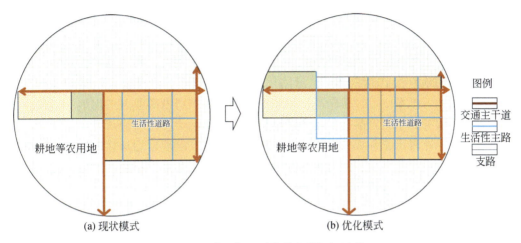

(a) 现状模式　　　　　　　　　　　(b) 优化模式

图 8-24　农业加工型聚落交通组织示意

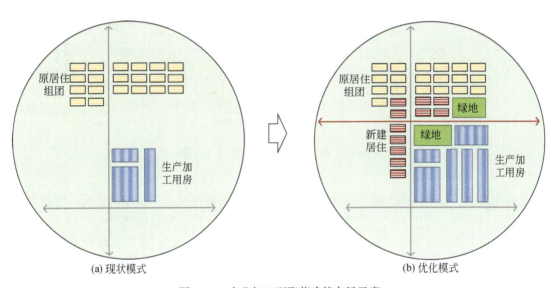

(a) 现状模式　　　　　　　　　　　(b) 优化模式

图 8-25　农业加工型聚落建筑布局示意

8.4.2　策略二：功能复合，带状延伸

在商贸流通模式下，乡村聚落的物质流、人流、信息流、技术流组织较为复杂，往往借助交通区位优势进行对外产品输出，因此采用"功能复合，带状延伸"的策略对聚落建设空间进行优化。

（1）功能布局

在物流运输的影响下，生产、生活融合后形成产居复合型组团，并沿着交通干道线性延伸，小型居民点可通过归并、置换的方式集中布置于核心聚落周边，聚落空间集约化带状发展。由于受到产品贸易的显著影响，生产步骤多、环节长（产品生产—流通加工—运输与装卸—包装—仓储—配送等），不同生产步骤所需用地类型不同，该类型聚落的用地类型趋于多样化、专项化，设施也多为运输服务型，因此用地规划时需要依据功能适配布置，设施配置时也需要结合生产环节布局。合理配置增量用地，可适当扩大仓储、道路用地比例，仓储用地常在 10% ~ 18%，道路用地在 16% 以上，占比较其他类型乡村高；同时考虑到产品线下批发、零售等情况，可于交通干道两侧增设商业服务用地，不仅为居住人群提供生活服务，也为产品提供集中场地售卖。从村民生活角度，需要充分平衡产业发展和农户生活，在考虑常住人口、就业人口增长趋势的基础上增加居住用地，同时增设绿地空间和公共服务设施用地，提升乡村环境品质和设施服务水平；生产用地和生活用地间需要一定绿化隔离，可设置街边小绿地或景观隔离区域（图 8-26）。

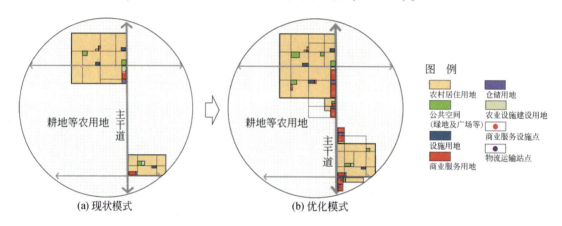

图 8-26　商贸流通型聚落功能布局示意

在物流服务设施层面，基于交通基础设施、人口集聚和重点产业布局情况，围绕周边产业和市场集群，对供销社、邮政等农村物流资源进行整合，形成以物流为中心、物流配送点为补充的物流发展体系，促进"工业品下乡、农产品进城"，实现区域物流配送体系的全域覆盖。一般而言，物流运输站点常密集布置于生产空间周边，依据运输需求确定布局位置和建设面积，同时设置田头小型仓储保鲜冷链设施确保产品的良好仓储保存。为推动电子商务在农村的普及，可在乡村设置村级服务平台，如农村电商馆，对农户进行技术培训。

（2）交通组织

对于商贸流通型乡村聚落，道路交通的运输功能需要着重加强。由于乡村生产的大量货流运输需求，道路需要承担的交通压力巨大。随着空间重构的进行，乡村主干道路幅宽度加宽形成交通主轴，生产性道路承载能力提升，同时生活性道路和生产性道路有机划分，并通过密织的生活性路网减缓干道压力，交通主干道在 12 ~ 25m，生活性干道一般在 5 ~ 7m。

动态交通组织：道路规划中需要充分考虑货流、人流的交织处理，货运方面可将集中的仓储空间、停车空间联系，快速连接至对外通道，尽量减少对村民生活的干扰。生活流线上，加强交通组织与管理，与建筑在形态、功能上的良好呼应，可延续原有路网肌理或者采取规则路网联系生活空间和公共空间节点。

静态交通组织：由于货运交通工具和农户家用交通工具类型不同，所需停车空间不一，货运交通可通过"集中布局"模式设置多处货车停车空间解决停车需求，停车空间布置于交通干道两侧，既可以快速达到生产区域也能减少对聚落内部干扰。生活性停车空间同样可采用"部分集中+多点分散"布局模式，即在公共场所或村庄入口设置集中停车空间，每户可自行配置停车位灵活解决私人停车问题（图8-27）。

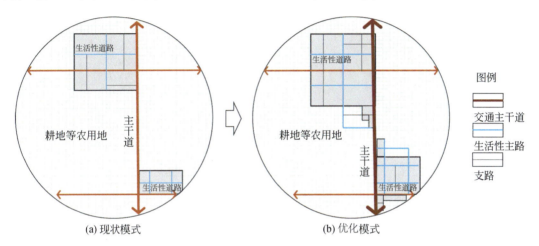

图 8-27　商贸流通型聚落交通组织示意

（3）建筑布局

对于商贸流通型乡村而言，乡村非农化生产形式增多，农户不再仅仅依托土地资源进行价值创造，而是依托更多非农形式如加工制造增加收入。农户将生活空间和生产销售结合，形成生产流通一体化、配送集成化，因此农村生活空间由居住功能逐渐转变为生产生活复合功能。此种类型的新建住宅常常位于主干道两侧，形成"沿路联排，带状成片"的布局模式，规划时需要对新建住宅进行引导，对邻近住宅集中划片，按片布置街边绿地和商业设施。由于这种生产方式不像城市工业那样会严重污染环境、影响生活品质，在考虑空间位置时，农户会将"职方方便"作为重要考虑因素，从事手工制作、艺术品生产等产业的聚落还会形成生活、生产融合的家庭作坊模式（图8-28）。

建筑功能立体化发展是商贸流通型乡村聚落的一个显著趋势。随着乡村生活水平提高，住宅建筑由传统的单层或两层不断变为多层建筑，建筑空间增多的同时给生产功能的融入提供条件，建筑呈现出"上店下厂"或"上店下铺"的独特结构。独栋建筑的垂直空间上实现生活、生产、销售、储存的一体化。规划中需要充分考虑这些发展趋势，结合农户需求建设住宅建筑，同时改善居住环境，减少生产、生活功能混合后造成的环境破坏、生活品质下降（图8-29）。

8.4.3　策略三：产居融合，功能内嵌

在新型服务模式下，乡村聚落的建设空间以生产乡村特色产品为主，多为手工制作，

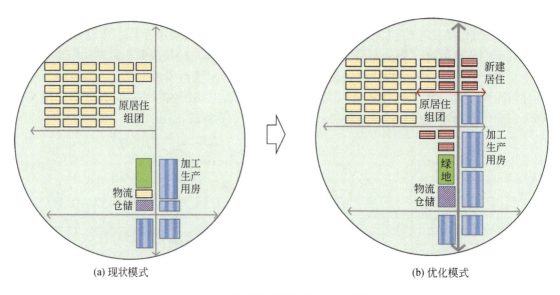

图 8-28　商贸流通型聚落建筑布局示意

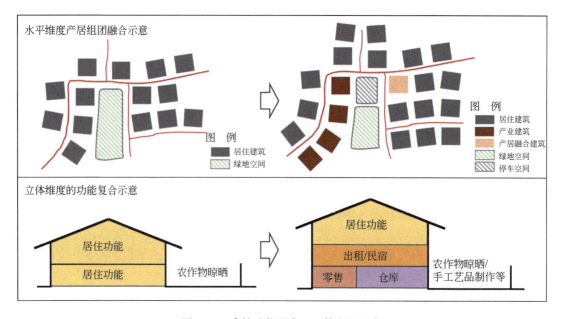

图 8-29　建筑功能混合、立体发展示意

产品污染较小，故常和居住功能合并，因此采用"产居融合，功能内嵌"的策略对其进行优化。

（1）功能布局

在功能布局上，需要同时考虑村内原住户和外来人员（采购商、游客等）的需求，其中村民需要优质的人居环境和完备的医疗、商贸等公共服务功能，外来人员或游客则更需要商贸市场和精致的景观。可将特色生产功能混合内嵌植入村庄生活空间，形成产居混合空间，生产性服务设施，如教育培训、交易市场、信息服务、游客中心等，可在一定范围内布局一处，圈层共享，尽可能使得服务效益最大化。公共服务设施可通过补全、完善、提升方式构建公共服务设施网络，如依据服务范围布局文体设施和商业服务设施，改善居民生活生产条件（图 8-30）。

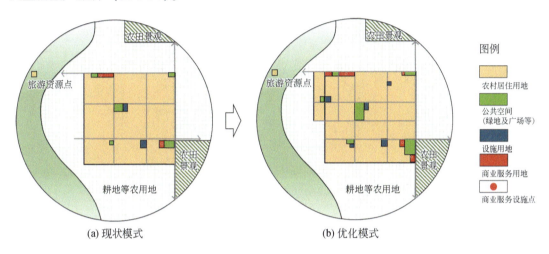

(a) 现状模式   (b) 优化模式

图例

☐ 农村居住用地

☐ 公共空间（绿地及广场等）

☐ 设施用地

☐ 商业服务用地

☐ 商业服务设施点

图 8-30 新型服务型聚落功能布局示意

（2）交通组织

乡村由于来往人群复杂，车辆种类繁多、交通变化量大，规划时需要对道路的通达性、便利性、动态变化性着重考虑，规划时需要在预测的交通容量下略微扩大。

动态交通层面，梳理观光旅游路、产业运输路、日常生活路，其中观光旅游路适宜组织串联各个旅游节点，沿途增加特色树种或地方花卉行车景观廊道，同时考虑车行和人行需求。因此道路断面可为单向双车道，两侧人行道可使用地方材质铺设。产业运输路要求快速联通，可有效串联生产加工单元、市场以及外部村镇，规划时需要减少和其他两种道路的交织。因此有条件乡村可设置双向车道，道路材质使用硬化材料铺设。日常生活路主要在村内部，是村民日常出行、社会交往的通道。因此规划时需要对其进行完整保护，对道路格局、形态、风貌等进行保护。考虑农户家用小汽车、非机动车运输需要，道路断面宽度可采用 3~5m，步行通道 2~2.5m。

静态交通层面，需要考虑三种来源的车流量，因此可在村庄入口、重要旅游节点周边设置大型停车场以解决旅游性停车需求。停车空间追求景观化、生态化设计，如结合入口广场进行一体化设计。对于生产性停车，可在生产单元周边建设停车位，同时在对外交通周边设置集中停车。对于日常生活停车需求，则可以农户自行结合住宅一体设计（图 8-31）。

（3）建筑布局

新型服务型乡村住宅建设多为旧居更新，居住品质提升同时建筑外环境提质，较之其他类型乡村而言，住宅功能性变化更为凸显。具体而言，产业发展使住宅的使用功能发生较大变化，不仅要满足村民的生产、生活需要，还要考虑外来人员及游客的"吃、住、

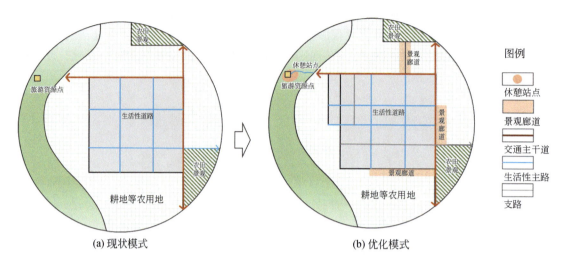

(a) 现状模式　　　　　　　　　　　　(b) 优化模式

图 8-31　新型服务型聚落交通组织示意

行、游、购、娱"等全面需求。因此住宅建设除了居住功能外，还需要考虑生产、服务功能。若为家庭小作坊形式，可采用"上住下店"形式，可嵌入传统的居住空间。若住宅改建为商用民宿，则要考虑商业、酒店服务、停车等功能，以满足市场化需求。住宅建设多是在原建筑基础上进行特色改造、局部新建以满足旅游需求。注重内容多样性和空间环境多变性，通过叙事方式组织景观序列。地域性是指在规划实施中多采用当地材料，并提取运用地方符号，增添环境韵味。体验性是指让旅游能逐步深入，自我探索，体验出场景感、过程感。景居之间需要综合考虑，达到景居互融。一方面景观为住宅提供良好的人居环境，另一方面为住宅景观增添人文氛围（图 8-32）。

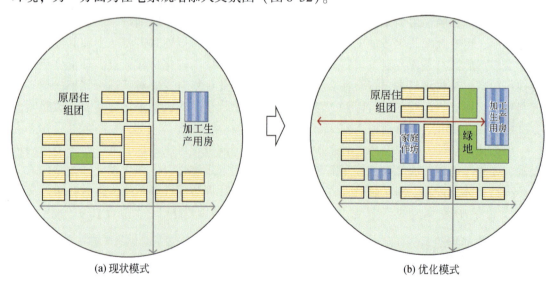

(a) 现状模式　　　　　　　　　　　　(b) 优化模式

图 8-32　新型服务型聚落建筑布局示意

8.5 休旅介入型聚落建设空间优化

休旅介入型聚落建设空间因所承载的旅游功能不同,在空间形态、功能布局、景观配置与建筑优化方面都有着一定特征。整体来看,休旅介入型聚落建设空间以渐进更新和组团拓展模式发展,结合功能对空间的交互影响,可总结为三种策略,分别适应于承担生态休闲度假功能、特色田园体验功能、民俗文化体验功能的聚落。

8.5.1 策略一:空间延续,节点更新

发展生态休闲旅游的聚落,一般自然环境资源优越,地形条件较为受限,空间布局以线性串联为主,因此采用"空间延续,节点更新"的方式对其进行优化。

(1) 功能布局

生态休闲模式的聚落建设空间优化应顺应地势,构成串联结构,必要新增建设以线性延伸或以小型组团串联,与生态景观空间紧密结合。功能上一般为单核发展,打造节点服务,存在一个公共服务或旅游核心景点,内部其他聚落以住宿接待及少量休闲娱乐功能为主。整理优化原有公共空间环境,分散优化沿路、沿边界景观,注重保持其生态性、原生性特征,不做过多人工开发,注重与外部生态环境结合,通过景观视线、景观游憩道路等与村域生态休闲游线连接,使整体聚落建筑空间、公共空间与外部生态空间形成相互交融过渡的嵌合结构,实现景观内嵌,内外联动(图8-33)。

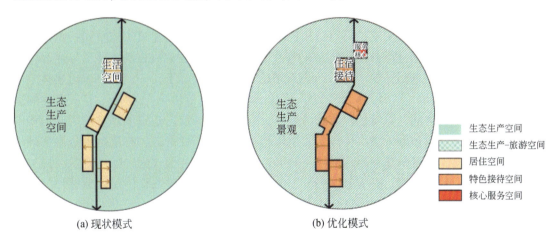

(a) 现状模式　　　　　　　(b) 优化模式

生态生产空间
生态生产-旅游空间
居住空间
特色接待空间
核心服务空间

图 8-33　生态休闲型聚落功能布局示意

(2) 交通组织

生态休闲型乡村的交通优化主要是在交通节点处集中打造村域旅游综合服务、商业休闲娱乐集聚区,同时作为村域内外交通衔接的转换点。村域综合服务区集中停车规模不宜过大,在各分散聚落合理设置临时停车场地。生产生态空间以景观资源为依托进行全域保

护性开发，控制规模，提升质量，设置交通驿站和多样交通模式，通过步行栈道、观光车道、自行车线等丰富游线将全域衔接，形成覆盖全域的旅游发展格局。通过景观视线、景观游憩道路等与村域生态休闲游线相连接，使得整体聚落建筑空间、公共空间与外部生态空间形成相互交融过渡的嵌合结构，实现景观内嵌，内外联动（图8-34）。

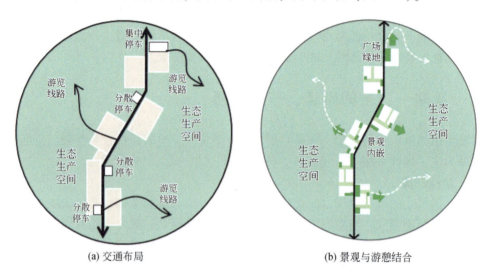

(a) 交通布局   (b) 景观与游憩结合

图8-34 生态休闲型聚落交通组织示意

（3）建筑布局

发展生态休闲旅游的聚落应保持原有建筑分散特征，依据地形，基于游客对住宿产品体验需求和生态景观环境要求，沿道路和景观自由式分布。居住建筑实体空间根据原有居住人口和游客接待情况进行合理优化，在满足国家层面的《旅游民宿基本要求与评价》中提出"经营用客房不超过4层、建筑面积不超过800m²"情况下，一般单户建筑实体空间用地面积不超过180m²。在用地合理的情况下，对宅基地范围内配置有一定私密性的庭院，构造庭院景观空间，除特色四合院情况外，庭院空间一般占建筑实体空间用地面积的一半以上。院内增设休闲游憩桌椅等，注重休闲功能和生态性打造，与聚落周边生态环境相呼应，整体呈自由庭院式布局。空间功能上，典型空间复合形式为居住+民宿或居住+民宿+餐饮组合，部分定位较为高端的建筑也可根据居民意愿和村域整体建设情况，将居住迁出，实现民宿功能的独立（图8-35）。

从劳岭村的优化方式可以看出，发展生态休闲旅游的建筑庭院空间增长较多，优化建筑空间中庭院面积占比相对较大。因生态休闲模式聚落中一般居住建筑空间优化后主要为住宿餐饮功能，游客成为使用主体，为了规模化和经济收益的提升，将大部分空间复合利用为住宿餐饮接待空间，对空间需求较大，所以一般建筑实体空间均有增长。而庭院空间成为享受城市高楼空间之外与自然亲密的旅游体验的重点，空间因需求而扩张（图8-36）。

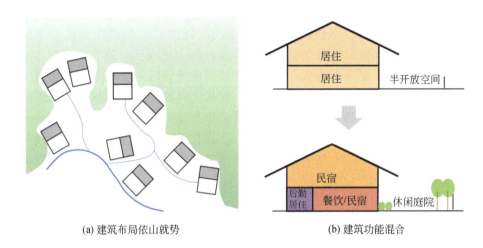

(a) 建筑布局依山就势   (b) 建筑功能混合

图 8-35　生态休闲型聚落建筑布局与功能混合示意

(a) 劳岭村典型民宿形式

(b) 劳岭村民宿庭院打造

图 8-36　劳岭村建筑空间优化模式

8.5.2　策略二：分散体验，景村交融

在田园景观丰富、特色产业突出、倾向于发展特色田园体验游的聚落，聚落空间布局外延发展，整体呈现分散体验，因此采用"分散体验，景村交融"的策略对其进行优化。

（1）功能布局

发展特色田园体验游的聚落应保持原有空间特征适量外延以配置核心旅游功能设施，作为功能节点；聚落内部分散设置观览体验设施，呈现核心独立、分散体验的功能空间形态。公共空间优先在交通节点结合综合旅游服务设施集中规划大型集散空间，并综合周边原始空间条件，打造特色田园景观。在聚落内部，综合零碎斑块的区位、景观价值，将有整合条件的零碎空间进行整合，打造中小型景观，成为旅游景点；其余小型空间节点结合设施布局，进行主题性优化建设，优化居民点整体人居环境，同时引导游客形成观览游线，总体形成大型节点引领，小型节点点缀，田园风光景村交融的公共空间格局（图8-37）。

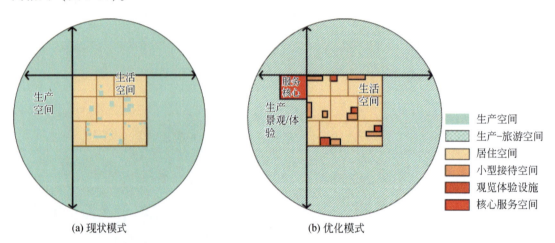

(a) 现状模式　　　　　(b) 优化模式

图8-37　特色田园型聚落功能布局示意

（2）交通组织

为了乡村体验的完整性，村域往往成为一个完整旅游区，村域交通划分内外两个层级，在主要交通节点和综合服务区集中停车，完成游客集散，内部设置交通方式连接各体验单元，注重与田园景观衔接打造特色游线（图8-38）。

（3）建筑布局

发展特色田园体验游的农旅融合聚落建筑优化应当保留乡村乡土建筑形态尺度特征，相对集聚，成片并排布局，2～5栋成群，注重与生产空间的融合关系，整体呈现邻田成群，联排特色农院的布局模式。鼓励院落保留乡土特色，使用乡土材料、装点特色农产农具，与周边环境结合形成具有农家特色的展示空间，构建特色农家小院，在非原有乡土特色影响下，庭院空间面积一般不宜超过建筑实体空间面积。空间功能上居住建筑空间的典型复合形式为居住+餐饮零售+农事体验或居住+民宿餐饮+农事体验（图8-39）。

特色田园型聚落主要由农事体验或文化科普核心功能设施引领，而这类设施想要达到足以支撑片区体验需求的综合度和吸引力，对空间需求都较大，有相对必要的设施新建需求。居住空间旅游发展复合程度较低，另外其发展除必要的餐饮住宿外，多为家庭农场等田园体验型功能，与乡村功能生活需求的矛盾不大。以礼诗圩村为例，聚落原始

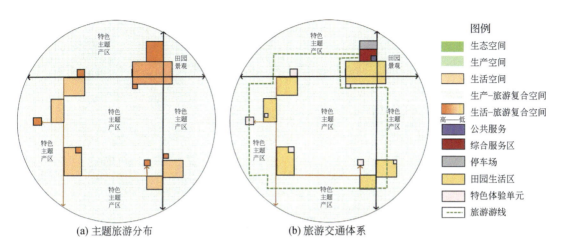

图 8-38　特色田园型聚落交通组织示意

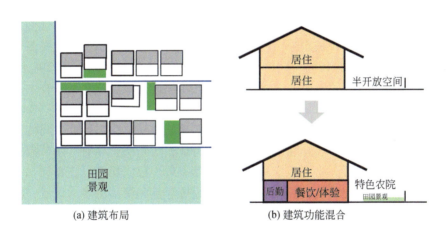

图 8-39　建筑空间优化

建筑空间呈现并排布局的平原建筑布局特征，在优化后，增建文化礼堂综合服务中心，村内大多数居住建筑没有明显变化，保持了当地传统农家建筑的形态特征，打造了特色农家小院，部分在功能上进行复合，如开发家庭农场、共享厨房等（图 8-40）。

8.5.3　策略三：景点体系，观游连续

根据重构规律可知，发展主题文化体验的聚落多采用组团拓展模式，内部更新，空间布局外拓发展，整体形成观游连续的景点体系，因此采用"景点体系，观游连续"的策略对其进行优化。

图 8-40　礼诗圩村建筑空间优化模式

（1）功能布局

　　主题文化模式中聚落旅游发展对空间规模需求较大，功能设施集中布局，聚落公共空间规模、增幅较大。因其旅游功能一般集中于一个聚落，需要对较多空间延伸拓展进行旅游设施建设，而因文化资源核心吸引和游客深度体验需求，往往基于文化资源点分区分类布置，呈现展示消费–体验观览–居住–生态空间的分层状态。因文化资源内涵的重要性，公共空间结构一般得以保留，整体主要对聚落公共空间进行环境优化，结合主题对空间节点进行优化，形成错落的分散节点景观。在发展优化中，扩张建设应保持空间结构特征，合理利用闲置空间和过于松散的空间，内嵌外延，功能空间结构上结合空间特征和文化资源形成多核串联结构。维护和延续原有空间结构特征，优先优化原有空间节点，转换内部生产生态斑块。合理配置大中小型景观空间，错落有致，根据功能设施布局和聚落主题故事线路策划，打造有文化内涵的空间节点。根据设施容量和聚落游客承载量，集中布置集散空间和主题性景观空间（图 8-41）。

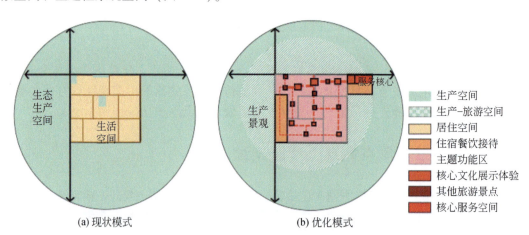

图 8-41　主题文化型聚落功能布局示意

（2）交通组织

打造分区明确、游线完整、全聚落覆盖的景点体系。在核心聚落的对外交通节点布置集散广场、游客中心等旅游综合服务功能，设置集中停车，重点规划旅游核心区内部道路系统，放射连接旅游延伸区和其他零散旅游节点，注重步行体验。整体形成核心引领、放射带动的发展模式，构建旅游核心区、功能延伸区、零散特色体验、活力生活聚落的圈层拓展式功能布局。聚落边缘结合周边环境优先打造线性景观，形成主次分明、内涵呼应、覆盖全域、空间结构明确的连续观游体系（图8-42）。

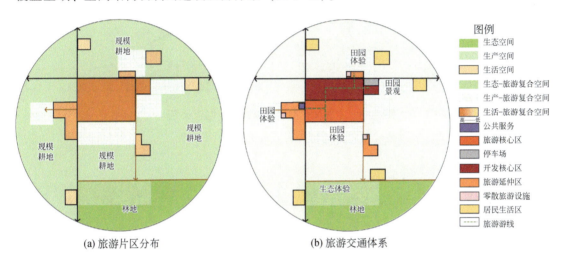

(a) 旅游片区分布　　　　　　　　(b) 旅游交通体系

图8-42　主题文化型聚落交通组织示意

（3）建筑布局

发展主题文化旅游的聚落整体应当注重空间形态延续，核心建筑可以适当结合文化意象特色打造。故该类型聚落中，一般商业建筑应延续原聚落建筑空间形态特征，可依据商业等功能需求对建筑规模合理调整，控制大中型建筑比例，延续原有建筑布置手法，建筑扩张不应改变组合形态规则，避免建筑压缩庭院空间成为单体。居住建筑主要利用原有建筑进行功能置换，植入文化展示、体验休闲等功能，注重空间价值利用与特色打造。新建核心建筑可适当考虑依据乡村风貌和主题文化要素进行增设，打造特色标志性节点（图8-43）。

以龙黄村为例，新建建筑以中小型为主，整体庭院建筑比相对较小，变化也较小，原始建筑空间关系保持较好。除一些新兴文化主题可能与聚落建筑原有空间形态特征关联不紧密外，大部分聚落发展所依托的文化资源为乡土文化或历史文化资源，这些资源与聚落生成和发展紧密结合，聚落建筑空间形态特征也成为其中的重要资源。所以大部分该类型聚落对原建筑形态特征保留和延续，进行特色功能置换开发，如文化展示体验、娱乐休闲零售等，商业建筑也保持空间形态特征进行规模适度优化。而新建重要公共建筑大多具有特色风格，一般与传统建筑空间特征或文化主题特征结合紧密（图8-44）。

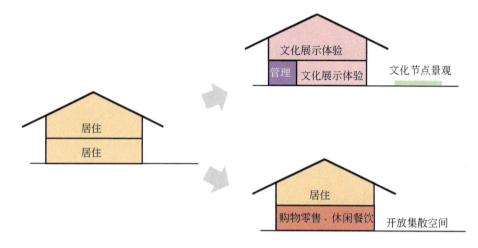

图 8-43　主题文化型聚落建筑功能混合示意

图 8-44　龙黄村建设空间优化模式

第9章 聚落建设空间设计的数字化模拟方法

9.1 基于 Unity 平台的三维形态生成方法

9.1.1 Unity 平台简介

本章模拟采用 Unity3D 引擎，Unity3D 是一个跨平台实时引擎，由 Unity Technologies 开发。最早于 2005 年 6 月作为苹果 OSX 独有的游戏引擎发布。截至 2018 年，该引擎已经扩展到支持 27 个平台。Unity 使用户能够在 2D 和 3D 中创建游戏和交互式体验，是一款功能强大的综合开发工具。近年来，该引擎逐渐成为众多团队的首选 3D 引擎，本章选择 Unity3D 引擎的主要原因及其优势如下：①可定制的集成开发环境（integrated development environment，IDE），Unity3D 采用了 All in one 的设计思路，集所有编辑器于一身；②良好的可视化效果，Unity3D 引擎不仅能够随时运行程序，还可以在程序运行时即时调整参数，检测编辑结果；③丰富的辅助资源，Unity 于 2010 年在 Asset Store 上线，目前已经有百万以上的开发者及成千上万的免费资源，使用者可以从中得到许多解决问题的方法，这是目前大多其他引擎不具备的。

程序采用了 C#语言编程。C#是一种通用的多范式、面向对象（基于类）和面向组件的编程语言，它由微软在其 .NET 计划中于 2000 年左右开发。后来被欧洲计算机制造商协会（Ecma）和国际标准化组织（International Organization for Standardization，ISO）批准为标准规范。Unity 引擎用 Mono 提供脚本化的环境，Mono 目前支持的语言有 C#、Visual Basic、JavaScript、Python、Boo 等。使用 C#语言作为程序语言的原因是 C#为 .NET/Mono 的主流语言，相对其他语言来说，是一门优秀而成熟的语言，由微软提供强力支持，学习的门槛相对较低。

9.1.2 L-System 算法与聚落生成

L-System（L 系统，或称 Linden Mayer system）是匈牙利生物学家林登麦伊尔（Aristid Linder Mayer）于 1968 年提出的有关生长发展中细胞交互作用的数字模型（周凤仪，2014）。它取材于植物的生长特征，着重于主干与旁支等之间的相邻关系，核心是通过形式化的方法来模拟植物的形态发生。它是一系列不同形式的正规语法规则，多被用于植物生长过程建模，有时也被用于模拟各种生物体的形态。L-System 的自然递归规则导致自相似性，因此也使分形一类形式可以很容易地使用 L-System 描述。植物模型和自然界的有机结构生成非常相似并很容易被定义，因此通过增加递归的层数，可以缓慢生长并逐渐变得更复杂（图9-1）。

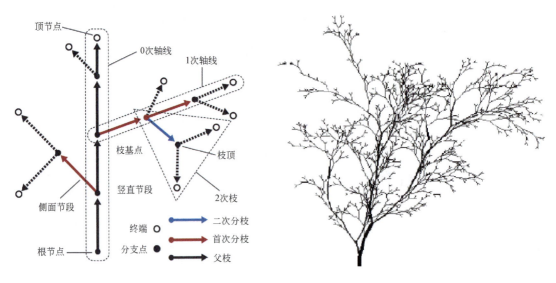

图 9-1　L-System 模仿植物的分枝结构

资料来源：沈源（2010）、林秋达（2017）

在建筑设计中，冒亚龙和赵鹏（2020）通过 L-System 试验对比发现以 15°的分支角度进行 6 次迭代可以模拟雨树的二维分支形态。其次将得到的分支图形作为柱网，依照合适的尺寸进行排列，然后将每根柱子以 45°旋转三次形成互相搭接的整体空间结构。最后结合建筑结构空间与人性的尺度对树状分形空间结构进行适当的简化，形成最终的结构体系（图9-2）。

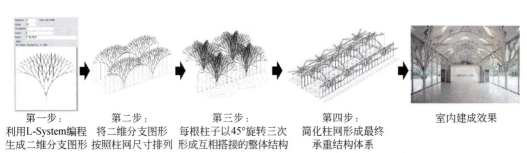

第一步：　　　　第二步：　　　　第三步：　　　　第四步：　　　　　室内建成效果
利用L-System编程　将二维分支图形　每根柱子以45°旋转三次　简化柱网形成最终
生成二维分支图形　按照柱网尺寸排列　形成互相搭接的整体结构　承重结构体系

(a)Tote餐厅树状分支结构生成示意（资料来源：https://www.gooood.cn/the-tote-by-serie-architects.html，结合网络资料综合绘制）

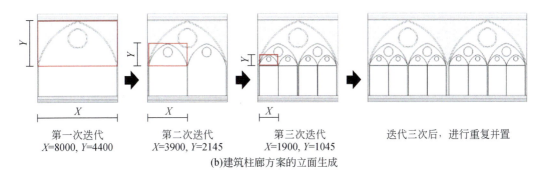

第一次迭代
X=8000, Y=4400

第二次迭代
X=3900, Y=2145

第三次迭代
X=1900, Y=1045

迭代三次后，进行重复并置

(b)建筑柱廊方案的立面生成

图 9-2　L-System 模拟优化建筑柱网

资料来源：沈源（2010）

9.1.3　聚落生成技术在聚落规划设计中的应用

当建筑或聚落被认为是一个类似于植物生长的动态场所，设计中设定一系列影响形态变化的内部和外部因素，通过计算机程序的模拟，便能够生成最后的形式。李晓岸和徐卫国（2015）运用 L-System 算法在面积为 14.4hm² 的地块内，通过调整参数生成了地段内的道路系统、建筑轮廓、地块肌理，并进一步通过最小圆覆盖的方式生成村民中心和商业文化服务设施建筑的分布，以保证每个服务中心覆盖半径 100m，完全覆盖整个地段（图 9-3）。

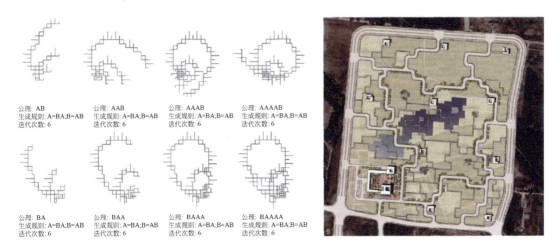

公理：AB
生成规则：A=BA;B=AB
迭代次数：6

公理：AAB
生成规则：A=BA;B=AB
迭代次数：6

公理：AAAB
生成规则：A=BA;B=AB
迭代次数：6

公理：AAAAB
生成规则：A=BA;B=AB
迭代次数：6

公理：BA
生成规则：A=BA;B=AB
迭代次数：6

公理：BAA
生成规则：A=BA;B=AB
迭代次数：6

公理：BAAA
生成规则：A=BA;B=AB
迭代次数：6

公理：BAAAA
生成规则：A=BA;B=AB
迭代次数：6

图 9-3　L-System 应用于聚落规划设计

资料来源：李晓岸和徐卫国（2015）

宋靖华等（2017）运用 L-System 模拟了聚落地块内部在受现状道路、山顶、湖面等影响下的方案生成（图 9-4）。

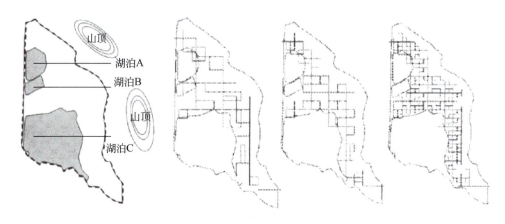

图 9-4　L-System 模拟受限制条件下的聚落规划方案

资料来源：宋靖华等（2017）

9.2　聚落建设空间数字化模拟流程

9.2.1　总体操作流程

基于 L-System 算法以及已有的参数化生成流程构建逻辑和参数与空间肌理的模拟技术流程。模拟基于 Unity 引擎，通过 C#脚本代码的编写实现 L-System 的功能。根据 L-System 的扩展语法，由不同的符号构成生成的具体规则，其中，"F"表示往前一步，"+"为右转，"–"为左转，"["与"]"分别表示开始分支和结束分支，代表着道路分岔的含义；此外还有路段长度控制每段道路的长度，角度控制每次左转、右转命令中的旋转角度。通过对不同参数的组合、调整，进而产生丰富的道路生成结果。在具体操作中，以"布局模式判别—道路参数设置—建筑方案生成"为逻辑（图 9-5）。

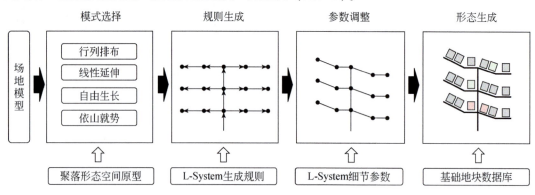

图 9-5　聚落空间形态模拟生成流程

9.2.2 模式判别与生成规则

需要获得规划聚落原始参数和规划范围，认知和了解村域现状特征，进行模式选取，确定相关基础参数；模式判别是针对地形历史肌理进行分析，为保留空间行为习惯进行重构，以分析地形信息抽象出路网的拓扑图形为基础，基于聚落形态的原型，通过选择行列布局、线性布局、自由布局、放射布局等不同模式，确定聚落生成的基本骨架规则，同时内置空间布局模式的基本生成规则（表9-1）。

表 9-1　不同模式的 L-System 生成规则

空间原型	行列排布	线性延伸	自由生长	依山就势
生成规则	$F[+FF][-FF]F[+FF]$ $[-FF]F[+FF][-FF]$	$F[-F]F[-F]F[+F]$ $+FF[+F]+F[+F]F[+F]$	$FF[-F+F]+$ $F[-F][-F]+F]+F-F$	$FF[+F+F]$ $F[+FF+FF]-F-FF$
生成图示				

9.2.3 参数设置与道路生成

在确定聚落道路系统的模式后，调整角度、长度等参数进一步对道路形态进行设置，以匹配场地的实际条件（表9-2）。此外，路网又由主要路网和次要路网两个层次构成，次要路网是在主要路网基础上进行叠加，两者均可以调整各自的生成规则、道路偏角、道路长度等参数，通过不同组合的形式，可以生成形态丰富的路网体系。

需要说明的是，除了固定的长度参数设置，在计算机辅助下，可以在一定区间内进行随机设置，特别是在山地或丘陵条件下，聚落内的路段长度并非一成不变，而是具有自然生长的特征。在实际案例中，根据场地原始特征，通过随机参数或扰动系数（随机增减）的设置使生成的空间形态肌理更加符合传统的乡村空间肌理。

9.2.4 功能布局与地块生成

将宅基地、公共建筑、公共空间等作为系统内置基础模块，构建基础数据库。随后以生成道路系统为基础，调整布局模式（单边模式、双边模式）、公共建筑布局位置、聚落整体建筑密度，进行模型库提取和三维形态生成，形成空间形态的初步布局方案。在此基

表 9-2 不同参数设置下的 L-System 道路系统

生成规则	$F[+F][-F]F[+F][-F]F[+F][-F]$		
角度	90°	60°	45°
生成图示	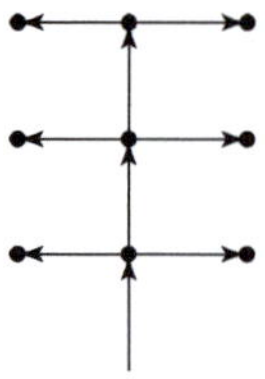	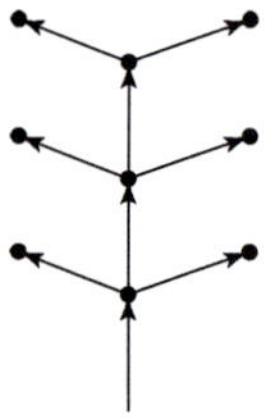	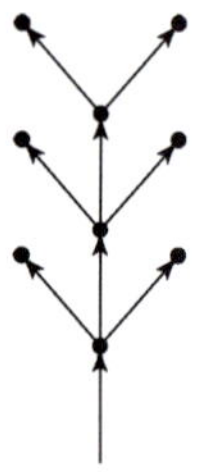
长度	20m	15m	10m
生成图示	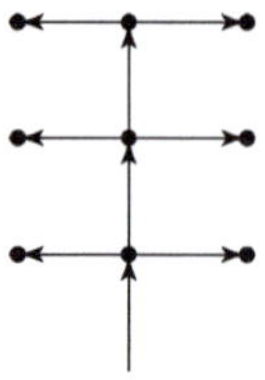	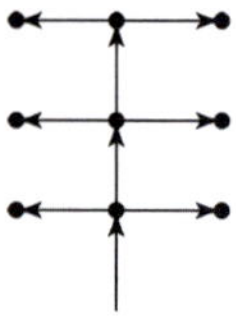	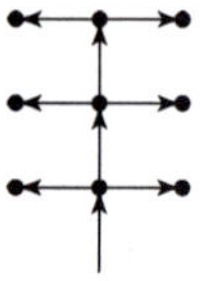

础上，规划师可以进行形态推敲，选择更适宜于整体场地特征的空间形态方案；另外，不同空间形态方案的三维可视化可以展示给村民，征求村民意见，以达到规划的"动态性"与"过程性"（表9-3）。

表 9-3 功能布局与地块生成参数调整

建筑布局方法	原始布局	更改布局模式	更改布局位置	更改建筑密度
生成图示	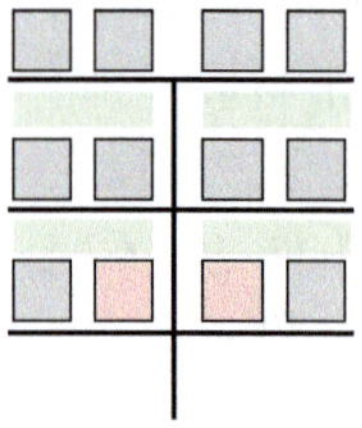	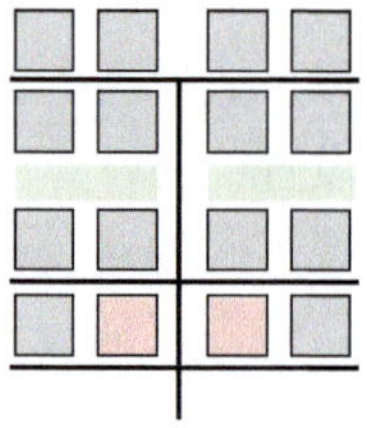	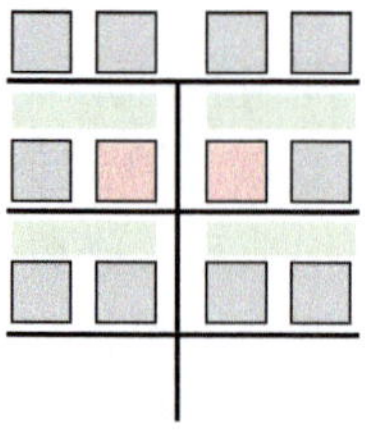	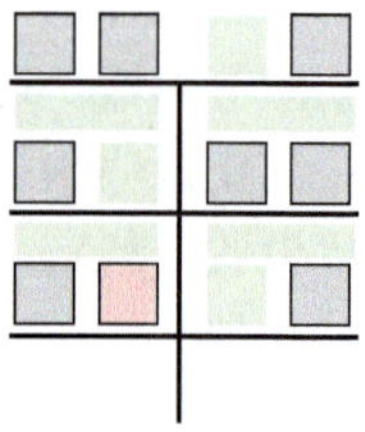
图例	⬜ 宅基地	🟥 公共建筑	🟩 公共空间	

9.3 案例实证

9.3.1 农业升级型聚落——重庆市永川区凉风垭村

（1）聚落现状情况

凉风垭村位于重庆市永川区板桥镇，距离永川城区 18km，是典型的西南传统农业型聚落。村域面积约 4.7km²，户籍人口 3321 人，常住人口 1671 人。村庄以第一产业为主，年人均收入约 9000 元。村内农林资源丰富，粮食作物主产马铃薯，水稻、玉米，经济作物以花椒为主，已组建"永川区三板花椒种植股份合作社"，花椒基地规模达到 935.82 亩，栽植花椒苗 9.5 万株。全村地貌以平坝丘陵为主，海拔介于 291.50～367.06m，坡度小于25% 的面积占全村面积的 85.91%（图 9-6）。

图 9-6 永川区板桥镇凉风垭村
资料来源：作者自摄

从聚落空间的现状情况来看，凉风垭村具有典型的山地丘陵村庄特色，在地形影响下，村庄聚落、林地和耕地斑块都较零碎，单个用地斑块规模较小，分布也较散乱。村庄居住用地规模占比较高，达到 70.62hm²，按户籍人口计算的人均村庄宅基地已经高达194.55m²，而按常住人口计算的人均村庄宅基地达到 386.65m²，超出《镇规划标准》（GB 50188—2007）最大值 140m²/人近 1.8 倍。可见，凉风垭村现状人口处于持续流失、流动的状态，大量的村庄宅基地被闲置，村庄已经不需要当下过多的居住用地（图 9-7）。

基于村域国土空间土地利用规划和聚落用地布局优化的结果，聚落形态规划设计选择四个组团聚落中规模最大的组团作为设计场地。该聚落组团总用地面积 10.56hm²，根据进一步场地地形条件、现状建筑情况，划定其中的 4.5hm² 作为最终的基地（图 9-8）。

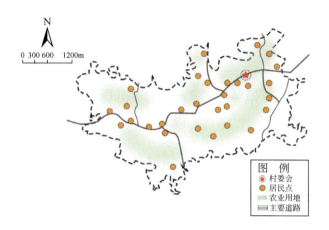

图 9-7　凉风垭村聚落空间体系的现状

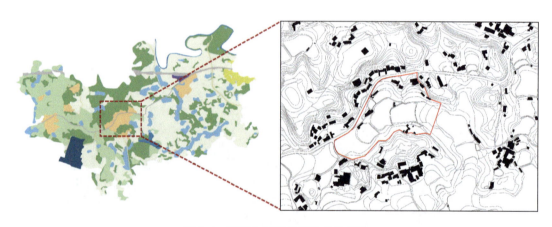

图 9-8　聚落空间形态设计基地现状

（2）形态生成

在空间形态数字化模拟层面，采用参数化的多方案生成方式，作为概念布局方案供政府、规划师、村民选择，并将选择的成果作为深化的依据（图 9-9）。

（3）方案优化

在深化阶段，对道路组织、建筑布局、公共空间进行优化，形成主要环道串联三个支路组团的总体布局形式，整体布局形式较为自由、有机，形成变化丰富的空间形态肌理，以适应西南山地低丘地形与组团式布局传统。在聚落中心位置，形成聚落入口空间与公共服务集中区域，公共服务设施包括卫生室、幼儿园、便民超市、运动场等。在聚落人居环境方面，强化聚落与道路、周边林地、耕地的绿化隔离与退让，并结合周边山丘林地进行整体的生态景观优化，提升该聚落的景观品质，同时入口处设置面积不小于活动广场，作为聚落村民下地务农的休息节点。组团内部还可以配合建筑后院设置一些绿地，供村民日常休闲娱乐，丰富聚落的公共空间体系。同时还应设置停车场，满足整个组团聚落村民的停车需求（图 9-10）。

(a) 生成方案平面

(b) 生成方案鸟瞰

图 9-9 方案参数设置与模拟结果

9.3.2 产业变革型聚落——重庆市永川区玉峰村

(1) 聚落现状情况

  永川区位于重庆市西南部，其中玉峰村所在的三教镇是永川区北部工业重镇，三教产业园是永川区工业园区的重要组成部分。根据上位规划分析，三教镇未来将打造为重庆市

图 9-10　凉风垭村集中聚落布局优化示意

先进交通装备制造基地和农业发展产业强镇。为突出选取案例的典型性和可推广性，本书选取重庆市永川区三教镇内邻近三教产业园的玉峰村作为实证案例进行研究（图 9-11）。

以玉峰村的集中聚落为例，聚落位于县道与乡道道路交叉点，北侧紧邻三教产业园，

图 9-11 玉峰村集中居民点现状与航拍

面积 3.27hm²。现状聚落功能布局一般，设施分布散乱，未经过统一规划，公共空间较少，也基本没有集中绿地或隔离绿化。道路除了主干道，其他道路基本不成体系，宽度不一，且多以尽端路为主。居住建筑受道路影响，布局方向较混乱，同时既有院落式的住宅，也有独栋式的住宅，院落与建筑尺度不一，使得整体玉峰村聚落单体布局无序且混乱，也浪费了很多建设用地，间接导致村庄人居环境品质较低。

（2）形态生成

将该居民点内建设用地整治的所有改建、新建住宅用地划定为集中居民点建设区，并以此划定集中居民点建设边界。由于玉峰村村庄宅基地整体规模缩减较大，并且有一个居民点被撤并，结合居住需求适当增加住宅层数，满足被撤并村民以及未来新增人口的居住需求（图 9-12）。

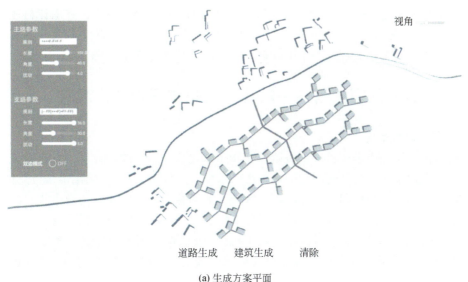

(a) 生成方案平面

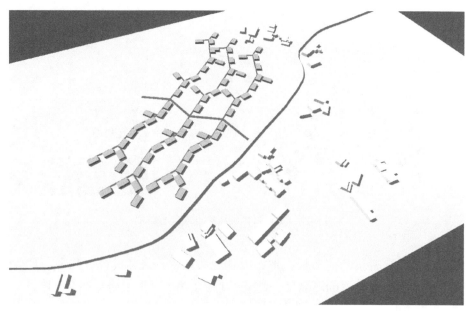

(b) 生成方案鸟瞰

图9-12　参数化生成初步方案

（3）方案优化

结合永川区相关政策与导则，对参数化生成方案进行人工优化。居住建筑以 10m×24m 的多层建筑为主，建筑层数不超过 6 层，具体以实际村庄人口数与户数为准。内部道路以 8m 的道路宽度为主，建筑行列式布局，楼间距控制在 15m 以上，并退让村庄主干道5m。聚落人居环境方面，强化聚落与耕地间的绿化隔离，入口节点处设置一定规模的集散广场，组团内部可以设置一些集中绿地，供村民日常休闲娱乐（图 9-13 和图 9-14）。

9.3.3　休旅介入型聚落——江苏省常州市溧阳市古渎村

（1）聚落现状情况

古渎村位于溧阳市别桥镇。别桥镇位于溧阳市北部，紧邻溧阳市区，有着得天独厚的区位优势和交通条件，是风光旖旎的典型江南水乡，上位规划中，《溧阳市城市总体规划》将别桥镇定位为长三角休闲度假旅游新兴区域，苏浙皖交界地区商贸集散中心，拥有休旅介入发展的良好资源条件和规划、政策引导支持。古渎村属于城郊乡村聚落，距离溧阳市中心仅 10km，紧邻常溧高速、扬溧高速，有高等级道路与周边连接，与溧阳高铁站距离约 14km，与周边县市联系紧密。溧阳市为构建全域旅游发展格局，自 2017 年开始打造连接乡村旅游景点、快速连通周边的首批江苏省旅游风景道"溧阳一号公路"，推进乡村旅游发展。

在数字化模拟与规划设计之前，对古渎村的现状情况进行全面普查，作为聚落形态生

图 9-13　玉峰村集中聚落方案优化示意

图 9-14　玉峰村集中聚落效果示意

成的基础。通过现场调研和相关资料，梳理古渎村的建筑使用情况、建筑质量、建筑风貌，并对建筑的拆改进行初步判断与引导（图 9-15）。

整体来看，聚落东部传统格局保存较好，建筑排布较为密集，而西部建筑较为零散。从使用现状来看，目前空置住房 43 栋，占 16.9%，有一定存量空间；整体建筑质量一般，

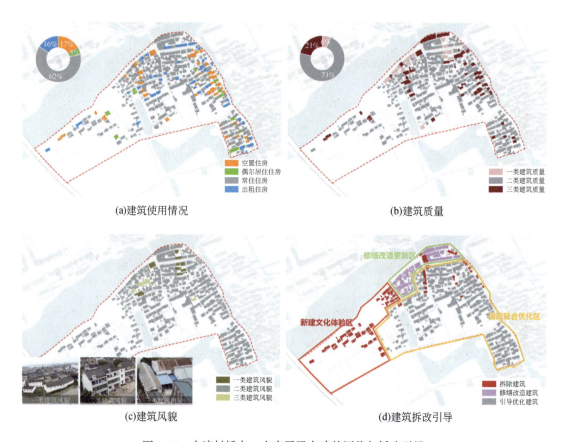

图 9-15 古渎村桥南—史家居民点建筑评价与拆改引导

存在 54 栋破损等质量较差的建筑，占 21.3%，有待优化；从建筑风貌来看，聚落大部分为二类建筑风貌，即不影响风貌完整性，以能体现古渎村特色的一般建筑为主，占 94%，而具有一定历史，并保存完好的传统水乡建筑保存较少，仅有清代建筑群区域内有少量传统水乡建筑。结合建筑质量、使用情况、风貌现状，综合发展整体性和系统性，考虑旅游发展需求和居民生活需求，将聚落整体优化分为三个区域，其中西部拓展区域为新建文化体验区，将原有零散建筑整合迁建，为未来发展提供完整用地。北部滨河一带为修缮改造更新区，由于文化资源相对充足，历史遗产较为集中，将针对现状空间进行保护修缮，风貌修复，植入文化体验功能，活化空间将进行整体改造更新。南部为居旅复合优化区，主要针对建筑整体情况不佳的建筑，拆除少量空置房屋局部拓宽临河空间，在重要节点处拆除部分综合情况不佳的建筑，改造为街区内部公共空间，提升人居环境品质，通过植入文化设施、游线和文化活动，引导居民进行旅游发展。

（2）形态生成

将现状居民点数据及规划范围输入模型，依据现状道路和用地情况划分模拟地块，由西侧属于综合服务接待区域，需要设置集散广场、停车等大型公共空间，参数化生成不能有效模拟此种情况，故预留西侧部分空间不参与模拟。现状具有明显团块型特征，根据空间布局重构规律，属于典型的团块拓展型，应采用建筑并列式布局模式，并列 1～5 栋为宜。同时参考现状情况和参数建议，设定其他重要空间布局参数，包括建筑间距、山墙间距、建筑角度等（图9-16）。

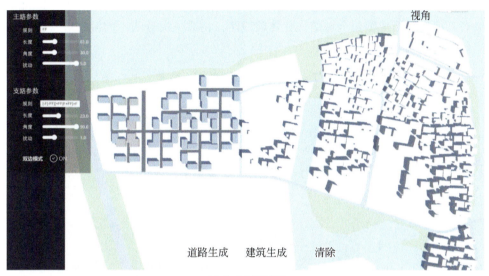

(a) 生成方案平面

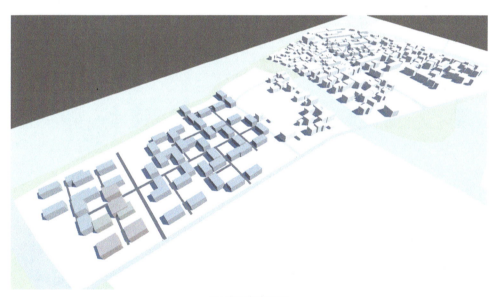

(b) 生成方案鸟瞰

图 9-16　古渎村参数化生成方案

（3）方案优化

方案根据参数化生成结果保留其建筑配置特征，参考其空间布局形式特点，根据场地情况和功能布局需求等对模拟布局进行优化调整，形成居民点布局。基于观游连续的景点体系模式，对空间功能和公共空间及景观进行深化细化布局。依据资源条件和空间特征，以清代建筑群、古渎老街、史家及姚家祠堂三个文化资源点为核心，串联形成古渎文化体验轴，结合水乡风貌新增马灯文化中心、游船码头、水街市集、游客中心四个重要节点及其他分散功能节点，依据原聚落空间特征优化人居环境，结合文化特色与核心功能建设休闲景观节点和主题文化广场，打造滨江休闲步道及水乡舞台等对外展示节点，通过景观游线串联各功能区，形成覆盖全域的文化体验线路，构成主次分明、内涵呼应、空间结构明确的连续观游体系（图9-17）。

(a) 生成方案平面

(b) 生成方案鸟瞰

图9-17　调整优化后居民点空间布局

参 考 文 献

白丹丹，乔家君 . 2015. 服务型专业村的形成及其影响因素研究——以河南省王公庄为例 . 经济地理，
35（3）：145-153.

白吕纳 . 1935. 人地学原理 . 任美锷，李旭旦，译 . 南京：钟山书局：10-27.

白梅，朱晓 . 2018. 基于空间句法理论的冀南传统聚落空间形态特征分析——以伯延村为例 . 装饰，
（11）：126-127.

曹靖 . 2020. 全域土地综合整治导向下的实用性县域乡村建设规划路径探索——以安徽省界首市为例 .
小城镇建设，38（11）：56-63.

陈晨，杨贵庆，徐浩文，等 . 2021. 地方产业驱动乡村发展的机制解析及规划策略——以浙江省三个典
型乡村地区为例 . 规划师，37（2）：21-27.

陈定石，江海燕，伍雯晶 . 2016. 岭南水乡社区游憩空间特征及规划对策 . 中国园林，32（3）：52-56.

陈宏伟，张京祥 . 2018. 解读淘宝村：流空间驱动下的乡村发展转型 . 城市规划，42（9）：97-105.

陈华 . 2020. 长江边鱼米水乡的特色发展路径探索——以靖江市新桥镇新合村村庄规划为例 . 江苏建筑，
（S1）：3-5.

陈训争，范胜龙，林晓丹，等 . 2017. 基于 Logistic-CA-Markov 模型的龙海市土地利用/覆被变化与模拟 .
福建农林大学学报（自然科学版），46（6）：685-691.

陈瑶 . 2016. 空间句法视角下湘西古村落空间格局研究 . 长沙：湖南大学硕士学位论文 .

陈永林，孙巍巍 . 2007. 新农村建设中赣南乡村聚落空间结构的演变 . 牡丹江师范学院学报（自然科学
版），（4）：35-37.

陈宗兴，陈晓键 . 1994. 乡村聚落地理研究的国外动态与国内趋势 . 世界地理研究，（1）：72-79.

程鑫，赵茜，郭建 . 2022. 湖北恩施舍米湖村的符号化特征及其保护启示 . 华中建筑，40（3）：127-131.

丁彬，李学明，孙学晖，等 . 2016. 经济发展模式对乡村生态系统服务价值保育和利用的影响——以鲁中
山区三个村庄为例 . 生态学报，（10）：3042-3052.

丁慧媛 . 2021. 沿海地区现代高效规模农业发展的时空演变及耦合协调度分析 . 中国农业资源与区划，
42（1）：210-219.

丁鹏，徐爱俊，周素茵 . 2021. 基于梯度提升决策树多特征结合的茶叶产量预测 . 西南农业学报，34
（7）：1556 -1563.

董光龙，许尔琪，张红旗 . 2019. 华北平原不同乡村发展类型农村居民点的比较研究 . 中国农业资源与区
划，40（11）：1-8.

段进，季松，王海宁 . 2002. 城镇空间解析：太湖流域古镇空间结构与形态 . 北京：中国建筑工业出版社 .

范俊芳，熊兴耀，文友华 . 2011. 侗族聚落空间形态演变的生态因素及其影响 . 湖南农业大学学报（社
会科学版），12（1）：57-61，77.

范少言 . 1994. 乡村聚落空间结构的演变机制 . 西北大学学报（自然科学版），24（4）：295-304.

范少言，陈宗兴 . 1995. 试论乡村聚落空间结构的研究内容 . 经济地理，15（2）：44-47.

费建波，夏建国，胡佳，等 . 2020. 南方传统农区乡村生态空间时空演变分析 . 农业机械学报，51（2）：
143-152.

冯应斌，龙花楼．2020．中国山区乡村聚落空间重构研究进展与展望．地理科学进展，39（5）：866-879．

盖文启，朱华晟．2001．产业的柔性集聚及其区域竞争力．经济理论与经济管理，(10)：25-30．

戈大专，周礼，龙花楼，等．2019．农业生产转型类型诊断及其对乡村振兴的启示——以黄淮海地区为例．地理科学进展，38（9）：1329-1339．

葛丹东，童磊，吴宁，等．2017．乡村道路形态参数化解析与重构方法．浙江大学学报（工学版），51（2）：279-286．

谷晓天，高小红，马慧娟，等．2019．复杂地形区土地利用/土地覆被分类机器学习方法比较研究．遥感技术与应用，34（1）：57-67．

郭焕成．1988．乡村地理学的性质与任务．经济地理，8（2）：125-129．

郭伟鹏，黄晓芳．2020．论国土空间综合整治与村庄规划的关系——以武汉黄陂区村庄规划为例．上海城市规划，(2)：115-121．

郭晓东，马利邦，张启媛．2012．基于GIS的秦安县乡村聚落空间演变特征及其驱动机制研究．经济地理，32（7）：56-62．

郭晓鸣，廖祖君，付娆．2007．龙头企业带动型、中介组织联动型和合作社一体化三种农业产业化模式的比较——基于制度经济学视角的分析．中国农村经济，(4)：40-47．

韩茂莉，张暐伟．2009．20世纪上半叶西辽河流域巴林左旗聚落空间演变特征分析．地理科学，29（1）：71-77．

韩炜，蔡建明．2020．乡村非农产业时空格局及其对居民收入的影响．地理科学进展，39（2）：219-230．

韩昭侠，谢晓霞，徐静．2019．花椒生态复合模式栽培技术研究．现代农业科技，(21)：78-79．

何成军，李晓琴，曾诚．2019．乡村振兴战略下美丽乡村建设与乡村旅游耦合发展机制研究．四川师范大学学报（社会科学版），46（2）：101-109．

何春阳，史培军，陈晋，等．2005．基于系统动力学模型和元胞自动机模型的土地利用情景模型研究．中国科学（D辑：地球科学），35（5）：464-473．

何仁伟，陈国阶，刘邵权，等．2012．中国乡村聚落地理研究进展及趋向．地理科学进展，31（8）：1055-1062．

何宛余，杨小荻．2018．人工智能设计，从研究到实践．时代建筑，159（1）：38-43．

贺雪峰．2019．三大全国性市场与乡村秩序．贵州社会科学，(11)：38-43．

贺艳华，范曙光，周国华，等．2018．基于主体功能区划的湖南省乡村转型发展评价．地理科学进展，37（5）：667-676．

贺艳华，曾山山，唐承丽，等．2013．中国中部地区农村聚居分异特征及形成机制．地理学报，68（12）：1643-1656．

胡畔，谢晖，王兴平．2010．乡村基本公共服务设施均等化内涵与方法——以南京市江宁区江宁街道为例．城市规划，34（7）：28-33．

黄金川，林浩曦，漆潇潇．2017．面向国土空间优化的三生空间研究进展．地理科学进展，36（3）：378-391．

黄亚平，郑有旭．2021．江汉平原乡村聚落形态类型及空间体系特征．地理科学，41（1）：121-128．

冀正欣，许月卿，卢龙辉，等．2021．乡村聚落空间优化研究进展与展望．中国土地科学，35（6）：95-104．

贾淑颖，李继军．2019．基于减量化目标的大都市乡村地区空间优化研究——以上海嘉定区为例．城市规划学刊，(S1)：96-104．

姜松．2014．西部农业现代化演进过程及机理研究．重庆：西南大学博士学位论文．

金其铭．1982．农村聚落地理研究——以江苏省为例．地理研究，(3)：11-20．

金其铭. 1988. 农村聚落地理. 北京：科学出版社, 7-12.

金其铭, 董昕, 张小林. 1990. 乡村地理学. 南京：江苏教育出版社, 47-51.

金晓斌, 张晓琳, 范业婷, 等. 2021. 乡村发展要素视域下乡村发展类型与全域土地综合整治模式探析. 现代城市研究, (3)：2-10.

靳晓婷, 惠宁. 2019. 乡村振兴视角下的农村产业融合动因及效应研究. 行政管理改革, (7)：68-74.

克里斯塔勒 W. 2010. 德国南部中心地原理. 常正文, 王兴中, 译. 北京：商务印书馆：1- 19.

李保华. 2020. 实用性村庄规划编制的困境与对策刍议. 规划师, 36 (8)：83-86.

李飚, 张佳石, 卢德格尔·霍夫施塔特, 等. 2019. 算法模型解析设计黑箱. 建筑师, 197 (1)：94-99.

李超, 求文星. 2021. 基于机器学习的因果推断方法研究进展. 统计与决策, 37 (11)：10-15.

李广东, 方创琳. 2016. 城市生态–生产–生活空间功能定量识别与分析. 地理学报, 71 (1)：49-65.

李国英. 2015. 产业互联网模式下现代农业产业发展路径. 现代经济探讨, (7)：77-82.

李国珍. 2018. 基于 FLUS 模型的深圳市土地利用变化与模拟研究. 武汉：武汉大学硕士学位论文.

李红波, 张小林. 2012. 国外乡村聚落地理研究进展及近今趋势. 人文地理, 27 (4)：103- 108.

李金良, 贺洪海. 2000. 必须大力发展特色农业. 经济师, (5)：95.

李立. 2007. 乡村聚落：形态、类型与演变. 南京：东南大学出版社.

李明禄. 2018. 英汉云计算·物联网·大数据辞典. 上海：上海交通大学出版社.

李全林, 马晓冬, 沈一. 2012. 苏北地区乡村聚落的空间格局. 地理研究, 31 (1)：144-154.

李少英, 刘小平, 黎夏, 等. 2017. 土地利用变化模拟模型及应用研究进展. 遥感学报, 21 (3)：329-340.

李思颖, 李飚. 2018. 住区生成设计方法实践初探——以东南大学本科住区生成课程为例//数字技术·建筑全生命周期——2018 年全国建筑院系建筑数字技术教学与研究学术研讨会论文集：203-209.

李小云, 杨宇, 刘毅. 2018. 中国人地关系的历史演变过程及影响机制. 地理研究, 37 (8)：1495-1514.

李晓岸, 徐卫国. 2015. 算法及数字建模技术在设计中的应用. 新建筑, (5)：10-14.

李欣. 2019. 传统乡村聚落的人工智能生成模拟研究. 天津：天津大学博士学位论文.

李裕瑞, 卜长利, 曹智, 等. 2020. 面向乡村振兴战略的村庄分类方法与实证研究. 自然资源学报, 35 (2)：243-256.

李智. 2018. 县域城乡聚落体系的演化路径及其驱动机制研究. 南京：南京师范大学博士学位论文.

梁留科, 曹新向, 孙淑英. 2003. 土地生态分类系统研究. 水土保持学报, (5)：142-146.

林博, 刁荣丹, 吴依婉. 2019. 基于人工智能的城市空间生成设计框架——以温州市中央绿轴北延段为例. 规划师, 35 (17)：44-50.

林琳. 2018. 当代粤西乡村聚落空间环境提升研究. 广州：华南理工大学博士学位论文.

林秋达. 2017. 分形分支系统算法与建筑设计. 城市建筑, (4) 38-41.

林涛. 2012. 浙北乡村集聚化及其聚落空间演进模式研究. 杭州：浙江大学博士学位论文.

林伊琳, 赵俊三, 陈国平, 等. 2021. 基于 MCR-FLUS-Markov 模型的区域国土空间格局优化. 农业机械学报, 52 (4)：159-170, 207.

刘彦随. 2011. 中国新农村建设地理论. 北京：科学出版社.

刘彦随. 2018. 中国新时代城乡融合与乡村振兴. 地理学报, 73 (4)：637-650.

刘瑜, 郭浩, 李海峰, 等. 2022. 从地理规律到地理空间人工智能. 测绘学报, 51 (6)：1062-1069.

刘自强, 李静, 鲁奇. 2008. 乡村空间地域系统的功能多元化与新农村发展模式. 农业现代化研究, (5)：532-536.

龙冬平, 李同昇, 苗园园, 等. 2014. 中国农业现代化发展水平空间分异及类型. 地理学报, 69 (2)：213-226.

龙花楼．2012．中国乡村转型发展与土地利用．北京：科学出版社．

龙花楼．2013．论土地整治与乡村空间重构．地理学报，68（8）：1019-1028．

龙花楼，屠爽爽．2017．论乡村重构．地理学报，72（4）：563-576．

龙花楼，屠爽爽．2018．乡村重构的理论认知．地理科学进展，37（5）：581-590．

吕兆群，王方民，杨馗，等．2022．基于村级尺度的重庆荣昌区村庄发展潜能评价与类型划分．中国农业资源与区划：1-13．

马利邦，郭晓东，张启媛．2012．陇中黄土丘陵区乡村聚落的空间格局——以甘肃省通渭县为例．山地学报，30（4）：408-416．

马晓冬，李全林，沈一．2012．江苏省乡村聚落的形态分异及地域类型．地理研究，67（4）：516-525．

马一帆涛．2021．多重因素影响下的村镇聚落空间响应模式研究——基于中心地理论视角．建筑与文化，（4）：65-67．

马勇，赵蕾，宋鸿，等．2007．中国乡村旅游发展路径及模式——以成都乡村旅游发展模式为例．经济地理，（2）：336-339．

冒亚龙，赵鹏．2020．基于分形几何的拟态建筑设计．建筑与文化，（5）：92-95．

欧维新，邹怡，刘敬杰，等．2021．基于乡村振兴潜力和土地利用效率的村庄分类研究．上海城市规划，（6）：15-21．

潘兵．2020．城乡融合背景下小城镇区域专业化分工发展路径研究．杭州：浙江工业大学硕士学位论文．

彭坤焘，田旭．2019．新时期空间规划转向与政策绩效提升路径．西部人居环境学刊，34（5）：27-33．

彭群．1999．国内外农业规模经济理论研究述评．中国农村观察，（1）：41-45．

浦欣成．2012．传统乡村聚落二维平面整体形态的量化方法研究．杭州：浙江大学博士学位论文．

齐立博．2019．乡村振兴战略下小城镇的"惑"与"道"——江苏省的实践与思考．小城镇建设，37（1）：56-61，79．

任婷婷，周忠学．2019．农业结构转型对生态系统服务与人类福祉的影响——以西安都市圈两种农业类型为例．生态学报，39（7）：2353-2365．

荣鹏飞，葛玉辉．2014．产业变革中科技型企业技术创新路径选择研究．科技进步与对策，31（8）：90-93．

荣玥芳，王之璇，曹圣婕．2021．文旅融合背景下的传统村落文化空间营造与发展策略——以安顺市鲍屯村为例．小城镇建设，39（7）：32-39．

沈颖凯，杨莉，马军山．2020．浙北平原水乡乡村景区建设探索——以三林村为例．现代园艺，43（1）：126-129．

沈源．2010．整体系统：建筑空间形式的几何学构成法则．天津：天津大学博士学位论文．

石大立，汤钦乐，叶玉琴．2014．农业专业村发展动力的理论探讨：基于分工的角度．南方农村，30（5）：21-23．

宋靖华，谢昕芹，刘柳．2017．基于元胞自动机的聚落生成强排方案研究//数字·文化——2017全国建筑院系建筑数字技术教学研讨会暨DADA2017数字建筑国际学术研讨会论文集．中国建筑工业出版社：267-274．

唐林楠，刘玉，唐秀美．2016．北京市城乡转型与乡村地域功能的时序特征及其关联性．人文地理，31（6）：123-129．

唐芃，李鸿渐，王笑，等．2019．基于机器学习的传统建筑聚落历史风貌保护生成设计方法——以罗马Termini火车站周边地块城市更新设计为例．建筑师，（1）：100-105．

陶伟，陈红艳，林杰勇．2013．句法视角下广州传统村落空间形态及认知研究．地理学报，68（2）：209-218．

田莹. 2007. 自然环境因素影响下的传统聚落形态演变探析. 北京：北京林业大学硕士学位论文.

童磊. 2016. 村落空间肌理的参数化解析与重构及其规划应用研究. 杭州：浙江大学博士学位论文.

屠爽爽, 周星颖, 龙花楼, 等. 2019a. 乡村聚落空间演变和优化研究进展与展望. 经济地理, 39（11）：142-149.

屠爽爽, 龙花楼, 张英男, 等. 2019b. 典型村域乡村重构的过程及其驱动因素. 地理学报, 74（2）：323-339.

万成伟, 杨贵庆. 2020. 式微的山地乡村——公共服务设施需求意愿特征、问题、趋势与规划响应. 城市规划, 44（12）：77-86, 102.

王保盛, 廖江福, 祝薇, 等. 2019. 基于历史情景的 FLUS 模型邻域权重设置——以闽三角城市群 2030 年土地利用模拟为例. 生态学报, 39（12）：4284-4298.

王成, 李颢颖. 2017. 乡村生产空间系统的概念性认知及其研究框架. 地理科学进展, 36（8）：913-923.

王凡, 李超, 王亚娜. 2019. 乡村振兴背景下县域村庄评价及发展分类研究——以铁岭县为例//中国城市规划学会, 重庆市人民政府. 活力城乡 美好人居——2019 中国城市规划年会论文集（18 乡村规划）. 北京：中国建筑工业出版社：1450-1461.

王浩锋, 叶珉. 2008. 西递村落形态空间结构解析. 华中建筑,（4）：65-69.

王建国, 杨俊宴. 2021. 应对城市核心价值的数字化城市设计方法研究——以广州总体城市设计为例. 城市规划学刊,（4）：10-17.

王静, 徐峰. 2012. 村庄聚落空间形态发展模式研究. 北京农学院学报, 27（2）：57-62.

王丽芳. 2018. 山西省农业与旅游业融合的动力机制与发展路径. 农业技术经济,（4）：136-144.

王其藩. 1995. 高级系统动力学. 北京：清华大学出版社.

王士君, 廉超, 赵梓渝. 2019. 从中心地到城市网络——中国城镇体系研究的理论转变. 地理研究, 38（1）：64-74.

王旭, 马伯文, 李丹, 等. 2020. 基于 FLUS 模型的湖北省生态空间多情景模拟预测. 自然资源学报, 35（1）：230-242.

王亚辉, 李秀彬, 辛良杰, 等. 2020. 耕地资产社会保障功能的空间分异研究——不同农业类型区的比较. 地理科学进展, 39（9）：1473-1484.

王昀. 2009. 传统聚落结构中的空间概念. 北京：中国建筑工业出版社.

温天蓉, 吴宁, 俞婷. 2015. 村镇聚落空间形态的参数化规划方法初探. 建筑与文化,（12）：112-113.

吴海峰, 郑鑫. 2010. 中国发展方式转型期的特色农业发展道路探索——全国特色农业发展研讨会综述. 中国农村经济,（12）：87-92.

吴晋峰. 2014. 旅游吸引物、旅游资源、旅游产品和旅游体验概念辨析. 经济管理, 36（8）：126-136.

吴丽萍. 2017. 苏州旅游型乡村开发模式与空间演化研究. 苏州：苏州科技大学硕士学位论文.

吴良镛, 2001. 人居环境科学导论. 北京：中国建筑工业出版社.

吴宁, 温天蓉, 童磊. 2016. 参数化解析与重构在村落空间中的应用研究——以贵州某传统村落为例. 建筑与文化,（5）：142-143.

吴少文. 2014. 我国规模农业发展的机遇及形态特征. 现代农业科技,（17）：327-328.

吴燕. 2020. 城乡融合空间网络化机制. 武汉：华中农业大学硕士学位论文.

席建超, 王首琨, 张瑞英. 2016. 旅游乡村聚落"生产-生活-生态"空间重构与优化——河北野三坡旅游区苟各庄村的案例实证. 自然资源学报, 31（3）：425-435.

席建超, 赵美风, 葛全胜. 2011. 旅游地乡村聚落用地格局演变的微尺度分析——河北野三坡旅游区苟各庄村的案例实证. 地理学报, 66（12）：1707-1717.

夏林根. 2007. 乡村旅游概论. 上海：东方出版中心.

夏柱智．2020．中国特色农业产业化的村庄基础分析——以专业村为研究对象．贵州社会科学，（10）：163-168.

辛岭，刘衡，胡志全．2021．我国农业农村现代化的区域差异及影响因素分析．经济纵横，（12）：101-114.

邢谷锐，徐逸伦．2007．城市化背景下乡村聚落空间演变特征研究．安徽农业科学，35（7）：2087-2089.

熊耀平，刘星光，岳宏坤，等．2021．"三生空间"视角下生态敏感区村庄规划策略研究——以崇左市大新县上利村为例．规划师，37（16）：53-57.

徐枫，王占岐，张红伟，等．2018．随机森林算法在农村居民点适宜性评价中的应用．资源科学，40（10）：2085-2098.

徐会，赵和生，刘峰．2016．传统村落空间形态的句法研究初探——以南京市固城镇蒋山何家—吴家村为例．现代城市研究，（1）：24-29.

徐榕阳，马琼．2017．基于随机前沿生产函数的新疆棉花生产技术效率分析——以棉农问卷调查数据为例．干旱区资源与环境，31（4）：22-27.

许彦曦，陈凤，濮励杰．2007．城市空间扩展与城市土地利用扩展的研究进展．经济地理，（2）：296-301.

闫庆武，卞正富，王桢，等．2009．基于空间分析的徐州市居民点分布模式研究测绘科学，34（5）：160-163.

杨浩，卢新海．2020．基于"三生空间"演化模拟的村庄类型识别研究——以湖南省常宁市为例．中国土地科学，34（6）：18-27.

杨欢，何浪．2019．基于"驱动力–状态–响应"的乡村聚落类型划分及空间整合模式研究——以咸阳市为例．小城镇建设，37（8）：11-18.

杨洁莹，张京祥，周子航．2021．资本下乡背景下项目制乡村旅游的国际经验比较与价值再思考．现代城市研究，（12）：27-33.

杨军．2006．中国乡村旅游驱动力因子及其系统优化研究．旅游学刊，（4）：7-11.

杨忍，张昕，林元城．2021．农业型专业村地域类型分化特征及对乡村产业振兴的启示——以广东省为例．经济地理，41（8）：34-44.

杨思，李郇，魏宗财，等．2016．"互联网+"时代淘宝村的空间变迁与重构．规划师，32（5）：117-123.

杨兴柱，杨周，朱跃．2020．世界遗产地乡村聚落功能转型与空间重构——以汤口、寨西和山岔为例．地理研究，39（10）：2214-2232.

杨志恒．2019．城乡融合发展的理论溯源、内涵与机制分析．地理与地理信息科学，35（4）：111-116.

业祖润．2001．传统聚落环境空间结构探析．建筑学报，（12）：21-24.

叶红，唐双，彭月洋，等．2021．城乡等值：新时代背景下的乡村发展新路径．城市规划学刊，（3）：44-49.

叶娇，罗莉，肖志峰．2020．基于 CA-Markov 模型的东江流域土地利用动态模拟．地理空间信息，18（9）：8，102-105.

叶艳妹，彭群，吴旭生．2002．农村城镇化、工业化驱动下的集体建设用地流转问题探讨——以浙江省湖州市、建德市为例．中国农村经济，（9）：36-42.

曾菊新，蒋子龙，唐丽平．2009．中国村镇空间结构变化的动力机制研究．学习与实践，（12）：49-54.

曾晓抒．2021．实用性村庄规划的编制实现路径研究——以邵武市和平镇坎头村村庄规划为例．中国住宅设施，（12）：85-86.

曾亿武，邱东茂，沈逸婷，等．2015．淘宝村形成过程研究：以东风村和军埔村为例．经济地理，（12）：90-97.

曾早早, 方修琦, 叶瑜. 2011. 基于聚落地名记录的过去300年吉林省土地开垦过程. 地理学报, 66 (7): 985-993.

查爱欢. 2015. 乡村旅游推进新型城镇化发展模式及影响机制研究. 苏州: 苏州大学硕士学位论文.

詹有为, 周航, 王二威. 2022. 珠海市特色农业全产业链发展对策研究. 特区经济, (1): 51-54.

张常新. 2015. 县域镇村空间重构研究. 杭州: 浙江大学博士学位论文.

张富刚, 刘彦随. 2008. 中国区域农村发展动力机制及其发展模式. 地理学报, (2): 115-122.

张海如. 2001. 规模经济: 理论辨析和现实思考. 经济问题, (1): 8-11.

张继珍. 2010. 类型学在豫西乡村聚落更新与发展中的应用研究. 长沙: 湖南大学硕士学位论文.

张建波, 余建忠, 孔斌. 2020. 浙江省村庄设计经验及典型手法. 城市规划, 44 (S1): 47-56.

张杰, 吴淞楠. 2010. 中国村镇聚落形态的量化研究. 世界建筑, (1): 118-121.

张京祥, 葛志兵, 罗震东, 等. 2012. 城乡基本公共服务设施布局均等化研究——以常州市教育设施为例. 城市规划, 36 (2): 9-15.

张克俊. 2011. 现代农业产业体系的主要特征、根本动力与构建思路. 华中农业大学学报 (社会科学版), (5): 22-28.

张树民, 钟林生, 王灵恩. 2012. 基于旅游系统理论的中国乡村旅游发展模式探讨. 地理研究, 31 (11): 2094-2103.

张小林. 1999. 乡村空间系统及其演变研究——以苏南为例. 南京: 南京师范大学出版社.

张孝存, 折小龙. 2019. 陕南县域乡村发展类型及乡村性评价. 江西农业学报, 31 (12): 127-134.

张英男, 龙花楼, 屠爽爽, 等. 2019. 电子商务影响下的"淘宝村"乡村重构多维度分析——以湖北省十堰市郧西县下营村为例. 地理科学, 39 (6): 947-956.

张振鹏. 2020. 乡村产业振兴的业态类型及其发展路径. 山东干部函授大学学报 (理论学习), (4): 26-32.

赵明, 李亚, 许顺才. 2020. 从"撤村并居"到"因户施策": 全域土地综合整治用地布局优化策略研究. 小城镇建设, 38 (11): 22-27.

赵其国, 黄国勤, 马艳芹. 2013. 中国南方红壤生态系统面临的问题及对策. 生态学报, 33 (24): 7615-7622.

赵赛赛. 2020. 自组织理论视野下传统乡村聚落演化研究. 昆明: 昆明理工大学硕士学位论文.

赵霞, 韩一军, 姜楠. 2017. 农村三产融合: 内涵界定、现实意义及驱动因素分析. 农业经济问题, 38 (4): 49-57, 111.

赵毅, 陈超, 许珊珊. 2020. 特色田园乡村引领下的县域乡村振兴路径探析——以江苏省溧阳市为例. 城市规划, 44 (11): 106-116.

赵毅, 朱恒, 贾俊. 2021. 江苏宜兴市县域村庄布局优化思路与方法. 规划师, 37 (16): 47-52.

郑婉琳, 王志刚. 2021. 基于聚落分形同构研究的村镇人居空间设计——以楚雄地区彝族传统聚落为例. 南方建筑, (5): 130-137.

中国大百科全书出版社编辑部. 1987. 中国大百科全书: 农业. 北京: 中国大百科全书出版社.

周成虎, 孙战利, 谢一春. 1999. 地理元胞自动机研究. 北京: 科学出版社.

周凤仪. 2014. 数字时代下的建筑表达与实现. 天津: 天津大学硕士学位论文.

周国华, 贺艳华, 唐承丽, 等. 2011. 中国农村聚居演变的驱动机制及态势分析. 地理学报, 66 (4): 515-524.

周尤正. 2014. 中国特色农业现代化道路论. 武汉: 武汉大学博士学位论文.

朱静怡, 陈华臻, 薛刚, 等. 2021. 国土空间规划背景下乡村地理单元划分探究——以杭州市富阳区为例. 城市发展研究, 28 (4): 28-36.

邹兵，张立. 2017. 小城镇的制度变迁和政策分析. 小城镇建设，（6）：99-101.

左力，陶星宇. 2021. 机器学习识别下的自然村落空间形态研究//面向高质量发展的空间治理——2020 中国城市规划年会论文集（05 城市规划新技术应用）. 北京：中国建筑工业出版社：804-817.

Alpaydin E. 2009. 机器学习导论. 范明，咎红英，牛常勇，译. 北京：机械工业出版社.

Bylund E. 1960. Theoretical considerations regarding the distribution of settlement in inner north Sweden. Geografiska Annaler, 42（4）：225-231.

de Koning R E, van Nes A. 2019. How Two Diverging Ideologies Impact the Location of Functions in Relation to Spatial Integration in Arctic Settlements：Space Syntax Analyses of Settlements Closest to the North pole//12th International Space Syntax Symposium, SSS 2019, July 8, 2019- July 13, 2019. Beijing, China：Beijing JiaoTong University.

Ding Q L. 2021. Multi-scenario analysis of habitat quality in the Yellow River Delta by coupling FLUS with InVEST model. International Journal of Environmental Research and Public Health, 18（5）：2389.

Emilien A, Bernhardt A, Peytavie A, et al. 2012. Procedural generation of villages on arbitrary terrains. The Visual Computer, 28（6-8）：809-818.

Forster K. 2004. Community ventures and access to markets：The role of intermediaries in marketing rural tourism products. Development Policy Review, 22（5）：497-514.

Georganos S, Grippa T, Uanhuysse S, et al. 2018. Very high resolution object-based land use-land cover urban classification using extreme gradient boosting. IEEE Geoscience and Remote Sensing Letters, 15（4）：607-611.

Gude P H, Hansen A J, Rasker R, et al. 2006. Rates and drivers of rural residential development in the Greater Yellowstone. Landscape and Urban Planning, 77：131-151.

Haines A L. 2002. Managing rural residential development. The Land Use Tracker, 1（4）：6-10.

Halfacree K. 2006. Rural Space：Constructing A Three-Fold Architecture // Cloke P, Mardsen T, Mooney P. Handbook of Rural Studies. London：Sage.

Holmes J. 2008. Impulses towards a multifunctional transition in rural Australia：Interpreting regional dynamics in landscapes, lifestyles and livelihoods. Landscape Research, 33（2）：211-223.

Jun M J. 2021. A comparison of a gradient boosting decision tree, random forests, and artificial neural networks to model urban land use changes：the case of the Seoul metropolitan area. International Journal of Geographical Information Science, （4）：1-19.

Kiss E. 2000. Rural restructuring in hungary in the period of socio-economic transition. GeoJournal, 51（3）：221-233.

Li H D, Gao X H, Tang M. 2021. Land cover classification for SPOT-6 image from decision fusion method. Journal of Geo-Information Science, 928-937.

Liang X, Liu X P, Li X, et al. 2018. Delineating multi-scenario urban growth boundaries with a CA-based FLUS modeland morphological method. Landscape and Urban Planning, 177：47-63.

Liu X, Xun L, Xia L, et al. 2017. A future land use simulation model（FLUS）for simulating multiple land use scenarios by coupling human and natural effects. Landscape & Urban Planning, 168：94-116.

Lombardi D, Dounas T, Zhang C K, et al. 2018. Creating new cities：cellular automata and social condensers ［C/OL］//23rd International Conference of the Association for Computer-Aided Architectural Design Research in Asia. Hong Kong：CumInCAD.

Makki M, Farzanel A Navarro-Mateu D. 2015. The Evolutionary Adaptation of Urban Tissues through Computational Analysis Proc 33rd eCAADe Conference - Volume 2. Vienna：eCAADe Press, 563-571.

Pacione M. 1984. Rural Geography. London：Harper & Row.

Parish Y I H, Müller P. 2001. Procedural Modeling of Cities. Proceedings of the 28th Annual Conference on Computer Graphics and Interactive Techniques. Los Angeles: ACM: 301-308.

Reinhard K. 2015. Urban design synthesis for building layouts based on evolutionary many-criteria optimization. International Journal of Architectural Computing, (3-4): 257-269.

Reinhard K, Christian B. 2020. Computer-Generated Urban Structures. Generative Art Conference.

Salman K A, Rudi S. 2015. Exploring cellular automata for high density residential building form generation. Automation in Construction, 49: 152-162.

Sterman J D. 2011. System dynamics modeling: tools for learning in a complex world. California Management Review, 43 (4): 8-25.

Sun L, Yan J, Yang, et al. 2016. Drivers of cropland abandonment in mountainous areas: A household decision model on farming scale in Southwest China. Land Use Policy, 57 (57): 459-469.

Tobler W R. 2016. A computer movie simulating urban growth in the Detroit region. Economic Geography, 46: 234-240.

Wang Q, Xiong M, Li Q, et al. 2021. Spatially explicit reconstruction of cropland using the random forest: A case study of the Tuojiang river basin, China from 1911 to 2010. Land, 10.

Wang Y Z, Hu Z L, Zhang Y M. 2021. Delineating the future boundaries of urban development using the FLUS Model: A case study of Zhaoyuan city, China. IOP Conference Series: Earth and Environmental Science, 783 (1): 012088.

White H. 1990. Commentionist nonparametric regression: Multilayer feed forward networks can learn arbitrary mapping. Neural Networks, 3 (5): 535-549.

Woods M. 2005. Rural Geography: Processes, Responses and Experiences in Rural Restructuring. London: Sage.

Wu F, Webster C J. 1998. Simulation of land development through the integration of cellular automata and multicriteria evaluation. Environment and Planning B-Planning & Design, 25 (1): 103-126.

Wu H, Lin A, Xing X, et al. 2021. Identifying core driving factors of urban land use change from global land cover products and POI data using the random forest method. International Journal of Applied Earth Observation and Geoinformation, 103 (4): 102475.

Yang D T, Zhu X D. 2013. Modernization of agriculture and long-term growth. Journal of Monetary Economics, 1: 002.

Yang L B, Mansaray L R, Huang J F, et al. 2019. Optimal segmentation scale parameter, feature subset and classification algorithm for geographic object-based crop recognition using multisource satellite imagery. Remote Sensing, 11 (5).

后　记

本书是国家"十三五"重点研发计划"绿色宜居村镇技术创新"重点专项"村镇聚落空间重构数字化模拟及评价模型"（2018YFD1100300）项目研究成果之一。项目研究工作历时四年，通过研究团队坚持不懈的理论研究和广泛的实践探索，形成阶段性研究成果。

重庆大学左力副教授、李旭副教授、谭文勇副教授、李佳教授、韩贵峰教授、孙忠伟副教授等都参与了项目的研究工作。谢鑫、靳泓、章涵、高希、李姿璇、贺颜卿、赵之齐、张政、陶文珺、李沛锡、唐智莉等研究生以及本工作室其他老师和同学们参与了项目研究与资料整理工作。北京大学、东南大学、清华大学、中国建筑设计院有限公司、中国建筑西南勘察设计研究院有限公司、北京大学深圳研究生院、天津市城市规划设计研究总院有限公司、西安建筑科技大学等合作研究单位共同探讨了研究思路并提供了相关资料。正是大家的共同努力，才使得我们顺利完成本书。

感谢北京大学冯长春教授、国务院发展研究中心刘云中研究员、天津大学曾坚教授、重庆师范大学冯维波教授、江苏省规划设计集团有限公司袁锦富首席规划总监、中国城市规划设计研究院西部分院院长张圣海教授级高级工程师、中山大学杨忍教授、重庆市规划设计研究院卢涛教授级高级工程师、大连理工大学李宏男教授、山东建筑大学崔东旭教授、哈尔滨工业大学宋聚生教授和王耀武教授、华南师范大学刘云刚教授、广州市城市规划编制研究中心吕传廷教授等，他们对项目的研究提供了有价值的指导。感谢重庆市规划和自然资源局、重庆市永川区规划和自然资源局、重庆市大足区规划和自然资源局、成都市规划和自然资源局、溧阳市自然资源和规划局、陕西杨凌示范区自然资源和规划局、天津市规划和自然资源局蓟州分局、宁海县住房和城乡建设局、广州市规划和自然资源局番禺区分局等机构对项目研究的支持及提供的宝贵资料！

面对新时代乡村振兴赋予的任务，我们希冀能为乡村的可持续发展提供力所能及的帮助和技术指导，为致力于乡村研究工作的同行提供不同的解读视角。同时，当前处在经济社会发展快速变革、技术手段日新月异的时代背景中，乡村发展的理念、规划设计的技术方法不断更新迭代，本书的探索仍显不足，还需在以后的研究中不断更新与创新。

最后，衷心感谢科学出版社的大力支持，感谢李晓娟编辑的大力帮助！

著　者

2022 年 12 月